教育部高职高专材料类专业教学指导委员会规划教材

机械工程材料应用

王纪安　陈文娟　编著

机 械 工 业 出 版 社

本书是根据教育部高职高专材料类专业教学指导委员会的指导意见，按照工程材料与成形工艺分委员会教材建设的有关要求，结合高职高专教学改革的实践经验，适应21世纪培养高等技术应用性、技能型人才的要求编写的。本书以培养机械制造生产第一线所需的知识、技能为目标，以一种常用机械零件作为工作项目引入，实施典型工作任务，驱动整个工作学习的过程，形成强化应用的具有高职高专特点的新的教材体系。

本书可作为高等职业院校、成人院校、本科二级职业技术学院、应用性本科等机械类专业的通用教材，同时可应用于课堂教学、实训与实验等教学环节，也可作为有关工程技术人员和企业管理人员参考用书或培训教材。

图书在版编目（CIP）数据

机械工程材料应用/王纪安，陈文娟编著．—北京：机械工业出版社，2011.12（2022.1重印）

教育部高职高专材料类专业教学指导委员会规划教材

ISBN 978-7-111-36579-2

Ⅰ.①机… Ⅱ.①王… ②陈… Ⅲ.①机械制造材料—高等职业教育—教材 Ⅳ.①TH14

中国版本图书馆CIP数据核字（2011）第242394号

机械工业出版社（北京市百万庄大街22号 邮政编码100037）
策划编辑：王海峰 责任编辑：王海峰 杨 茜
版式设计：常天培 责任校对：张晓蓉
封面设计：马精明 责任印制：常天培
固安县铭成印刷有限公司印刷
2022年1月第1版第7次印刷
184mm×260mm·10印张·243千字
标准书号：ISBN 978-7-111-36579-2
定价：30.00元

电话服务	网络服务
客服电话：010-88361066	机 工 官 网：www.cmpbook.com
010-88379833	机 工 官 博：weibo.com/cmp1952
010-68326294	金 书 网：www.golden-book.com
封底无防伪标均为盗版	机工教育服务网：www.cmpedu.com

教育部高职高专材料类专业规划教材
工程材料与成形工艺专业
编审委员会

（排名不分先后）

总 序

当前，高等职业教育改革方兴未艾，各院校积极贯彻落实教育部《关于全面提高高等职业教育教学质量的若干意见》（教高［2006］16号文）和教育部、财政部《关于实施国家示范性高等职业院校建设计划，加快高等职业教育改革与发展的意见》（教高［2006］14号文）文件精神，探索“工学结合”的改革发展之路，取得了很多很好的教学成果。

教育部高等学校高职高专材料类教学指导委员会工程材料与成形工艺分委员会，主要负责工程材料及成形工艺类专业与课程改革建设的指导工作。分教指委组织编写了《高职高专工程材料与成形工艺类专业教学规范（试行）》，并已正式出版，向全国推广发行，它是对高职院校教学改革的阶段性探索和成果的总结，对开办相关专业的院校有较好的指导意义和参考价值。为了适应工程材料与成形工艺类专业教学改革的新形势，分教指委还积极开展了工程材料与成形工艺类专业高职高专规划教材的建设工作，并成立了高职高专工程材料与成形工艺类专业教学指导委员会规划教材编审委员会，编审委员会由教指委委员、分指委专家、企业专家及教学名师组成。教指委及规划教材编审委员会于2008年11月在长沙中南大学召开了教材建设研讨会，会上讨论了焊接技术及自动化专业、金属材料热处理专业、材料成形与控制技术专业（铸造方向、锻压方向、铸热复合）以及工程材料与成形工艺专业等一系列教材的编写大纲，统一了整套书的编写思路、定位、特色、编写模式、体例等。

历经几年的努力，这套教材终于与读者见面了，它凝结了全体编写者与组织者的心血，体现了广大编写者对教育部“质量工程”精神的深刻体会和对当代高等职业教育改革精神及规律的准确把握。

本套教材体系完整、内容丰富。归纳起来，有如下特色：①根据教育部高等学校高职高专材料类专业教学指导委员会工程材料与成形工艺类专业制定的教学规划和课程标准组织编写；②统一规划，结构严谨，体现科学性、创新性、应用性；③贯彻以工作过程和行动为导向，工学结合的教育理念；④以专业技能培养为主线，构建专业知识与职业资格认证、与社会能力、方法能力培养相结合的课程体系；⑤注重创新，反映工程材料与成形工艺领域的新知识、新技术、新工艺、新方法和新标准；⑥教材体系立体化，提供电子课件、电子教案、教学与学习指导、教学大纲、考试大纲、题库、案例素材等教学资源平台。

教材的生命力在于质量与特色。希望本系列教材编审委员会及出版社能做到与时俱进，根据高职高专教育改革和发展的形势及产业调整、专业技术发展的趋势，不断对教材进行修订、改进、完善，精益求精，使之更好地适应高职人才培养的需要，也希望他们能够一如既往地依靠业内专家，与科研、教学、产业第一线人员紧密结合，加强合作，不断开拓，出版更多的精品教材，为高职教育提供优质的教学资源和服务。

衷心希望这套教材能在我国材料类高职高专教育中充分发挥它的作用，也期待着在这套教材的哺育下，一大批高素质、应用型、高技能人才能脱颖而出，为经济社会发展和企业发展建功立业。

王纪安[㊀]

2010年1月18日

㊀ 总序作者系教育部高等学校高职高专材料类教学指导委员会委员，工程材料与成形工艺分委员会主任，承德石油高等专科学校教授。

前言

作为迄今为止世界上最大的钢结构工程，奥运主会场“鸟巢”外部钢结构的钢材用量为4.2万t，全部由国产钢——Q460高强钢板制造。人们在日常生活和工作中会接触到钢铁、铝合金和铜合金等金属材料，也会接触到诸如塑料、橡胶等很多非金属材料。此外还有很多神奇的新型材料，如助推“神舟”六号升空的运载火箭中的发动机整体涡轮转子，用的就是高温合金材料。人们使用的各种工具——从简单的手工工具，到复杂的加工中心，都是由各种材料制造的。而利用工具从事的加工对象——零件如轴和齿轮，成品如汽车和飞机，也都是由各种材料制造的。工程材料是制造之母。

本书将会对材料具有的不同性能和如何去选择和用好材料等问题给出答案。

本书的每一个项目之初都设了“问一问，想一想”栏目，希望引起读者的兴趣和思考。“学习目标”栏目提出了本章学习的基本内容、重点和应掌握的基本技能。

本书打破了目前工程材料教材的编写范式，首次尝试以一种常用机械零件作为工作项目引入，实施典型工作任务驱动整个工作学习的过程。通过分析这个零件的工作条件、失效形式、性能要求等，来判断应选用什么材料、什么热处理工艺，进而形成对机械工程材料的全面了解和获得材料应用的职业技能。本书紧密结合高等职业教育高素质高端技能型人才培养目标，可作为各类高等职业技术教育机械类专业的通用教材，同时可应用于课堂教学、实训与实验（金工实习与金工实验）等教学环节，也可供有关工程技术人员和企业管理人员选用或参考。

本书编写具有如下特点：

1）以培养生产第一线需要的高等职业教育应用性、高技能人才为目标，强调与工作过程相结合，适应教学做一体化要求。

2）用一种典型机械零件作为工作项目引入，通过分析这个零件的工作条件、失效形式、性能要求引出材料应用内容，符合实践认知规律，用工作任务驱动整个工作学习过程。

3）典型机械零件用材从普通碳钢到合金钢，由简单到复杂，相关知识等按照应用的逻辑深化展开。

4）建立工程材料和材料成形工艺与现代机械制造过程的完整概念。

5）重视新材料、新工艺、新技术的引入。

6）重视综合性、应用性与实践性，强调培养学生的技术应用能力和职业技能。

7）重视培养学生的基本素质，引入技术经济分析和质量管理的概念，贯彻低碳经济和可持续发展的观点。

本书由王纪安、陈文娟编著，来自企业一线的一些高级工程师参加了讨论和审阅。

本书编写得到了教育部高职高专材料类教学指导委员会和有关企业专家、老师等的大力支持，并参考了大量有关文献资料，在此一并表示衷心的感谢。由于高等职业教育课程体系与教学内容的改革正在积极研究和探索之中，书中存在问题在所难免，恳请广大读者给予关心和批评指正。

编　者

目　录

项目一　工程材料与机械制造过程

[问一问，想一想]：

找一个就在您身边或您在生活中熟悉的某种制品或零件（如校徽），根据常识您认为它是由什么材料制造的，为什么要选用这种材料？

[学习目标]：

学习的目的在于应用，本项目目的是使读者从整体上对工程材料及其与机械制造过程的关系有个简单而全面的了解。

1）了解机械工程材料的概念与分类。

2）了解工程材料的发展过程。

3）了解现代机械制造的基本过程。

4）了解工程材料在机械制造过程中的地位和作用。

工程材料是构成机械设备的基础，也是各种机械加工的对象，包括金属材料、非金属材料和复合材料等。机械制造生产过程就是将各种工程材料经过成形、改性、连接等工艺转变为机器的过程。

我们不妨提供如下一个工程材料应用的具体工作项目。图1-1是一台单级齿轮减速器，外形尺寸为430mm×410mm×320mm，传递功率5kW，传动比为3.95。减速器在许多机械设备中都有，主要用于减速传动和增大转矩。减速器的构成包括外壳和轴、齿轮等各类零件。它们在工作过程中的用途不同，受力状况和使用要求也不同，那么，它们分别有什么不同的性能要求？选择什么材料？采用什么热处理方法？采用什么样的制造工艺？工艺如何制定和审核？这就是我们面临的具体工作内容和工作任务。了解了有关工程材料和成形工艺的知识，具备了相关的实际工作技能后，这些问题就可以解决了。表1-1列出了一个初步的解决方案。

表1-1　单级齿轮减速器部分零件的材料和毛坯选择

零件序号	零件名称	受力状况和使用要求	毛坯类别和制造方法		材料及热处理
			单件，小批	大批	
1	窥视孔盖	观察箱内情况及加油	钢板下料或铸铁件	冲压件或铸铁件	钢板：Q235A，铸铁件：HT150，冲压件：08
2	箱盖	传动零件的支承件和包容件，结构复杂，箱体承受压力，要求有良好的刚性、减震性和密封性	铸铁件（手工造型）或焊接件（焊条电弧焊）	铸铁件（机器造型）	铸铁件：HT150或HT200退火消除应力，焊接件：Q235A
6	箱体				
3	螺栓	固定箱体和箱盖，受纵向（轴向）拉伸应力和横向剪切力	镦、挤件（标准件）		Q235A
4	螺母				
5	弹簧垫圈	防止螺栓松动	冲压件（标准件）		60Mn，淬火+中温回火

（续）

零件序号	零件名称	受力状况和使用要求	毛坯类别和制造方法		材料及热处理
			单件，小批	大批	
7	调整环	调整轴和齿轮轴的轴向位置	圆钢车制	冲压件	圆钢：Q235A 冲压件：08
8	端盖	防止轴承窜动	铸铁件（手工造型）或圆钢车制	铸铁件（机器造型）	铸铁件：HT150 圆钢：Q235A
9	齿轮轴	重要的传动零件，轴杆部分受弯矩和扭矩的联合作用，应有较好的综合力学性能；齿轮部分的接触应力和弯曲应力较大，应有较好的耐磨性和较高的硬度	锻件（自由锻或模锻）或圆钢车制	模锻件	45 钢，调质处理
12	轴	重要的传动零件，受弯矩和扭矩的联合作用，应有较好的综合力学性能			
13	齿轮	重要的传动零件，轮齿部分有较大的弯曲应力和接触应力			
10	挡油盘	防止箱内机油进入轴承	圆钢车制	冲压件	圆钢：Q235A 冲压件：08
11	滚动轴承	受径向和轴向的压应力，要求有较高的强度和耐磨性	标准件，内外环用扩孔锻造，滚珠用螺旋斜轧，保持器为冲压件		内外环及滚珠：GCr15，淬火+低温回火 保持器：08

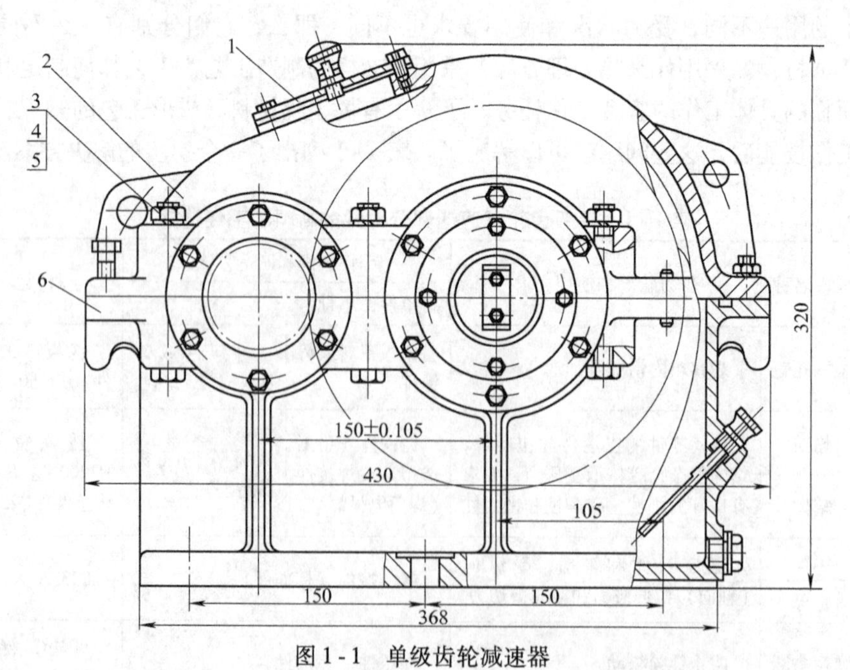

图 1-1　单级齿轮减速器

1—窥视孔盖　2—箱盖　3—螺栓　4—螺母　5—弹簧垫圈　6—箱体

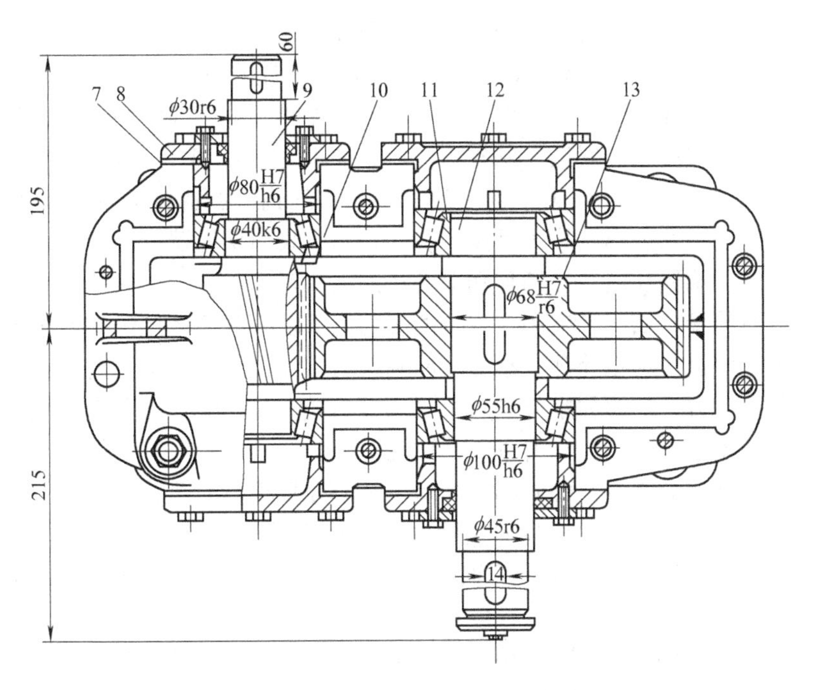

图 1-1　单级齿轮减速器（续）

7—调整环　8—端盖　9—齿轮轴　10—挡油盘　11—滚动轴承　12—轴　13—齿轮

我们日常生活中的几乎任何机械都离不开各种材料，下面介绍材料在人类生活和工业发展中是如何发展的。

1.1　材料的简要发展过程

材料是人类文明生活的物质基础。综观人类利用材料的历史，可以清楚地看到每一类重要新材料的发现和应用，都会引起生产技术的革命，并大大加速社会文明发展的进程。人类社会发展过程中的石器时代、青铜器时代和铁器时代就是按生产活动中起主要作用的材料划分的。材料与你和你的工作密不可分。

在远古时代，人类的祖先是以石器为主要工具的。他们在不断改进石器和寻找石料的过程中发现了天然铜块和铜矿石，并在用火烧制陶器的生产中发现了冶铜术，后来又发现把锡矿石加到红铜里一起熔炼，制成的物品更加坚韧耐磨，这就是青铜。公元前 3000 年人类进入青铜器时代。公元前 1200 年左右，人类进入铁器时代。开始使用的是铸铁，后来炼钢工业迅速发展，成为 18 世纪产业革命的重要内容和物质基础，所以有人将 18 ~ 19 世纪称为“钢铁时代”。进入 20 世纪后半叶，新材料研制日新月异，出现了所谓“高分子时代”、“半导体时代”、“先进陶瓷时代”和“复合材料时代”等提法，材料发展进入到了丰富多彩的新时期。

中华民族在材料生产及其成形加工工艺技术方面取得了辉煌的成就。我国原始社会后期开始有陶器，早在仰韶文化和龙山文化时期，制陶技术已经很成熟。我国的青铜冶炼开始于夏代，到了距现在三千多年前的殷商、西周时期，技术已达当时世界高峰，用青铜制造的工具、食具、兵器和车马饰得到普遍应用。河南安阳发掘出来的商代“司母戊”青铜大方鼎，重达875kg，在大鼎的四周，有蟠龙等组成的精致花纹，充分反映出我国古代青铜冶炼和铸造成形的高超技艺。湖北江陵楚墓中发现的埋藏两千多年仍金光闪闪的越王勾践宝剑，陕西临潼秦皇陵陪葬坑发现的工艺复杂、制作精美的铜车马等，都显示了当时制作工艺的精细。春秋战国时期的《周礼考工记》关于钟鼎和刀剑不同的铜锡配比记载，反映出当时已经掌握青铜成分与性能的关系。春秋战国时期，我国开始大量使用铁器，白口铸铁、可锻铸铁相继出现。随后出现了炼钢、锻造、钎焊和退火、淬火、正火、渗碳等热处理技术。用现代技术对古代宝剑进行检验，揭开了宝剑在阴暗潮湿的地下埋藏两千多年仍保持通体光亮锋利异常的奥妙：越王剑经过了硫化处理，秦皇陶俑剑采用了钝化处理技术。这些表面处理技术在现代仍是重要的防护方法。明朝宋应星所著《天工开物》，是举世公认的世界上有关金属加工的最早的科学技术著作之一，书中记载了冶铁、铸造、锻造、淬火等各种金属加工的方法，其中记述关于锉刀的制造、翻修和热处理工艺与今日相差无几。上述事实，生动地说明了中华民族在材料及其加工方面对世界文明和人类进步做出的卓越贡献。21 世纪初叶，我国的现代工程材料与成形技术又有了可喜的发展，我国已成为世界上最大的钢铁生产和消费国家。

18 世纪 20 年代初先后在欧美发生的产业革命极大地促进了钢铁工业、煤化学工业和石油化学工业的快速发展。各类新材料不断涌现，材料对科学技术的发展发挥着关键性作用。以航空工业为例，1903 年世界上第一架飞机所用的主要结构材料是木材和帆布，飞行速度每小时仅 16km。1911 年硬铝合金研制成功，金属结构取代木布结构，使飞机性能和速度获得一个飞跃；喷气式飞机超过声速，高温合金材料制造涡轮发动机起到重要作用；当飞机速度为声速的 2 ~ 3 倍时，飞机表面温度会上升到 300℃，飞机材料只能采用不锈钢或钛合金。由于航天飞机机体表面温度会高达 1000℃以上，所以只能采用高温合金材料及防氧化涂层。目前，玻璃纤维增强塑料、碳纤维高温陶瓷复合材料、陶瓷纤维增强塑料等复合材料在飞机、航天飞行器上已获得广泛应用。

1.2 机械工程材料的分类及发展趋势

在生活生产和科技各个领域中，用于制造结构、机器、工具和功能器件的各类材料统称为工程材料。工程材料按其组成特点可分为金属材料、有机高分子材料、无机非金属材料及复合材料四大类。若按材料的使用性能，则可分为结构材料与功能材料两大类。结构材料是作为承力结构使用的材料，其使用性能主要是力学性能；功能材料的使用性能主要是光、电、磁、热、声等特殊性能。按应用领域材料又可分为机械工程材料、信息材料、能源材料、建筑材料、生物材料、航空航天材料等多种类别。

当今国际社会公认材料、能源和信息技术是现代文明的三大支柱。从现代科学技术发展史中可以看到，每一次重大的新技术发现，往往都有赖新材料的发展。所谓新材料，主要是指最近发展或正在发展中的具有比传统材料更为优异性能的一类材料。目前世界上传统材料已有几十万种，而新材料的品种正以每年大约 5% 的速度在增长。金属材料、陶瓷材料、高分子材料及复合材料的新发展给社会生产和人们生活带来巨大的变化。

金属材料的分类如图 1-2 所列。由于金属材料工业已形成了庞大的生产能力，并且质量稳定，性能价格比具有一定的优势，因此金属材料仍占据材料工业的主导地位。目前，金属材料不断推陈出新，许多新兴金属材料应运而生。例如，传统的钢铁材料正在不断提高质量、降低成本、扩大品种规格，在冶炼、浇注、加工和热处理等工艺上不断革新。在非铁金属及合金方面出现了高纯、高韧铝合金，先进的镍基高温合金等。此外，还涌现了其他许多新型高性能金属材料，如快速冷凝金属非晶和微晶材料、纳米金属材料、超导材料和单晶合金等。新型金属功能材料，如形状记忆合金、超细金属隐身材料及活性生物医用材料等也正在向着高功能化和多功能化发展。

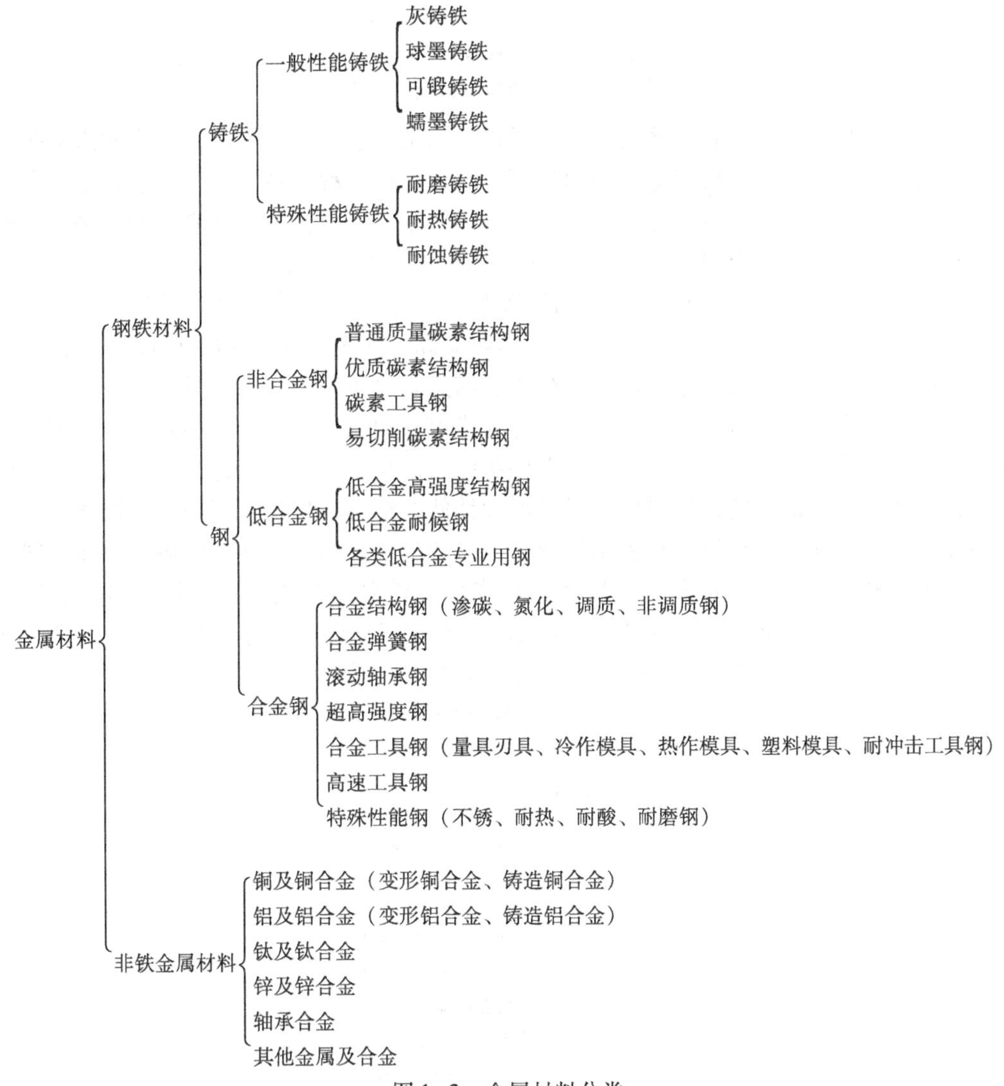

图1-2　金属材料分类

无机非金属材料分类如图1-3所示。由于制备技术的进步，开发出了一批先进陶瓷材料，包括氮化硅、氧化铝等新的结构陶瓷材料，其强度和断裂韧度大大优于普通的硅酸盐陶瓷材料，用作高温结构件、耐磨耐腐蚀部件、切削刀具等，替代金属材料有明显优点。功能陶瓷是一类利用材料的电、磁、声、光、热、弹性等效应以实现某种功能的陶瓷，是现代信息、自动化等工业的基础材料。从传统的硅酸盐陶瓷到先进陶瓷是陶瓷材料发展史上的重大飞跃。

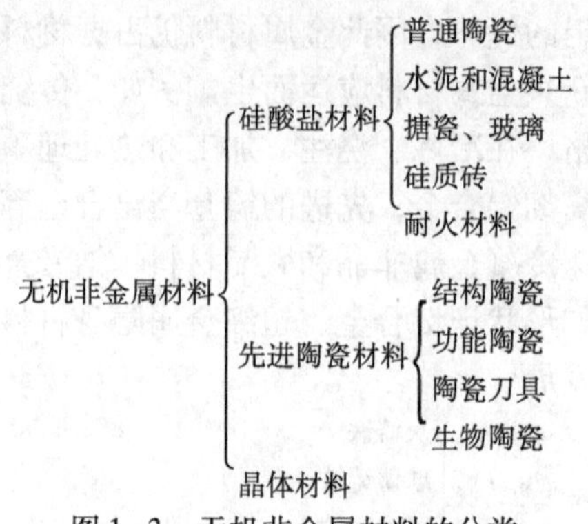

图 1-3　无机非金属材料的分类

有机高分子材料包括塑料、橡胶、合成纤维、粘结剂、液晶、木材、油脂和涂料等。人们将那些力学性能好，可以代替金属材料使用的塑料称作工程塑料。由于石油化学工业大规模合成技术的迅速发展，高分子合成材料包括合成纤维、合成橡胶和塑料已成为国家建设和人民生活中必不可少的重要材料。近10年来，随着高压聚合工艺的进步，高分子材料的合成，高性能的合成纤维和工程塑料进入实用阶段。另一方面，人们还可以通过各种手段，使高分子化合物作为物理功能高分子材料、化学功能高分子材料或生物功能高分子材料，例如：导电高分子、光功能高分子、液晶高分子、信息高分子材料、人工骨材料等。

金属、陶瓷和有机高分子材料各有其固有的优点和缺点，而复合材料是由几类不同材料通过复合工艺组合而成的新型材料，它既能保留原组成材料的主要特色，又能通过复合效应获得原组分所不具备的性能，还可以通过材料设计使各组分的性能互相补充并彼此关联，从而获得新的优越性能。结构复合材料由能承受载荷的增强体与能连接增强体为整体材料的基体构成，由不同的增强体和不同的基体即可构成名目繁多的结构复合材料，如高聚物（树脂）基复合材料（如玻璃钢）、金属基复合材料和陶瓷基复合材料等。结构材料复合化成为结构材料发展的一个重要趋势。复合材料的分类如图 1-4 所示。

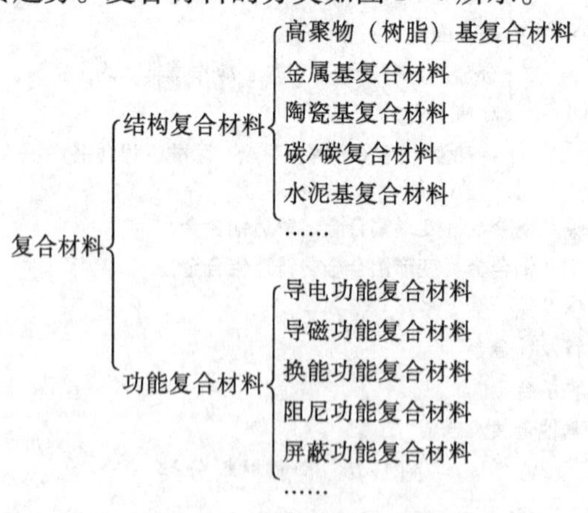

图 1-4　复合材料的分类

1.3　机械制造过程与材料

机械制造工艺是指将各种原材料、半成品加工成为产品的方法和过程。机械生产过程按其功能不同主要分为两类：一类是直接改变工件的形状、尺寸、性能，以及决定零件相互位置关系的加工过程，如毛坯制造、机械加工、热处理、表面保护、装配等，以材料成形工艺为主，它们直接创造附加价值；另一类是搬运、储存、检验、包装等辅助生产过程，它们间接创造附加价值。机械制造工艺流程如图 1-5 所示。

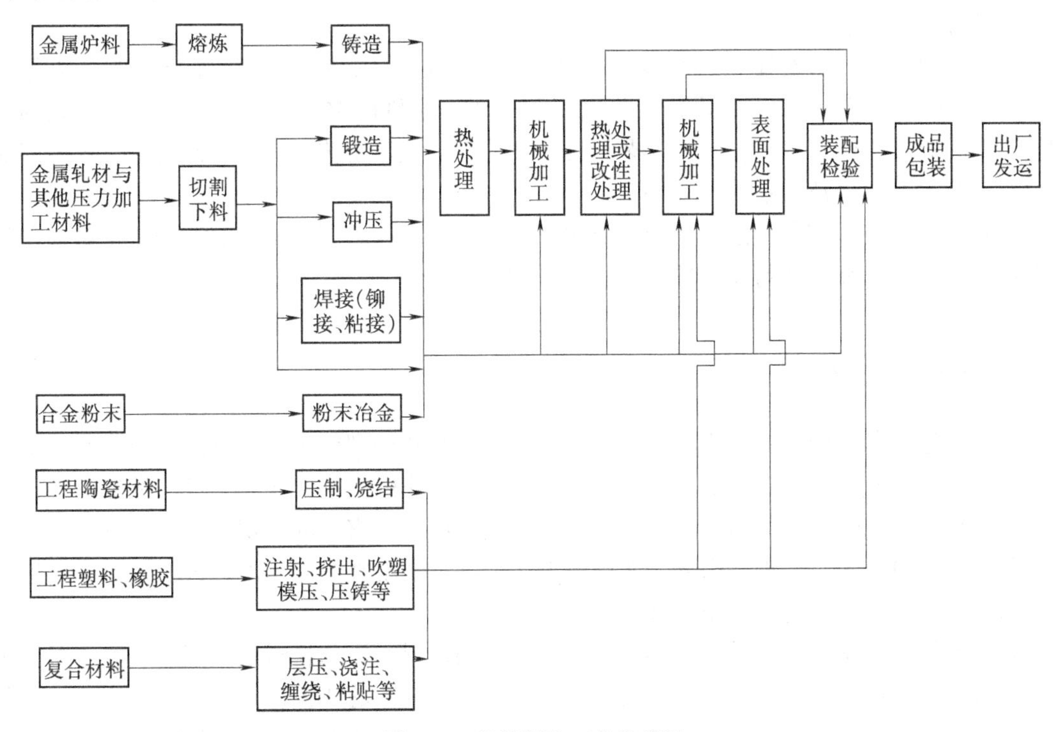

图 1-5　机械制造工艺流程图

机械工业生产的原材料主要是以钢铁为主的金属材料，包括由冶金工厂直接供应的棒、板、管、线材、型材，供进行切割、焊接、冲压、锻造或下料后直接进行机械加工；也包括生铁、废钢、铝锭、电解铜板等材料，进行二次熔化和加工（铸造、铸锭-锻造）。随着机械工程材料结构的不断调整，各种特种合金、金属粉末、工程塑料、复合材料和工程陶瓷材料的应用比例也不断扩大。

金属毛坯和零件的成形一般有铸造、锻造、冲压、焊接和轧材下料等五种常用方法（轧材下料又常用作锻压和焊接的准备工序）；其他材料（合金粉末、工程陶瓷、工程塑料等）另有各自的特殊成形方法。

零件的机械加工是指采用切削、磨削和特种加工等方法，逐步改变毛坯的形状、尺寸及表面质量，使其成为合格零件的过程。根据加工余量的大小及所能达到的精度，一般分粗加工和精加工两种。

金属材料的热处理可分为预备热处理和最终热处理。前者一般在毛坯成形后粗加工前进行；后者一般在粗加工后精加工前进行。部分热处理工艺（表面热处理和化学热处理）往往也作为表面保护的具体措施。

材料电镀、转化膜、气相沉积、热喷涂、涂装等表面处理工艺，一般在零件精加工后、装配前进行，用以改变零件表面的力学性能及物理化学性能，使其具有符合要求的强韧性、耐磨性、耐蚀性及其他特种性能。

在加工工艺过程中，有大量主体工序（如造型、熔化浇注、切削等），也有大量的辅助工序（如毛坯打磨、焊补等）。在工艺装备中要有相应的辅助工装（如砂箱、夹具等）和工艺材料（如造型原砂、焊条、切削液等）配合。辅助工序、辅助工装和工艺材料对产品质量也具有重大影响。

在机械制造生产过程中，各种物料（原材料、工件、成品、工具、辅助材料、废品废料等）的搬运和储存，材料产品和工艺过程的检测和质量监控，生产过程中各种信息的传递和控制都是贯穿于整个机械制造工艺过程的，是保证生产工艺过程的正确实施、提高产品质量稳定性和提高经济效益的重要环节。

可以看出，在机械制造过程中哪一步也离不开材料。深入了解材料、正确使用材料是从事与机械制造、维修、运行相关职业岗位工作的基础。

1.4 课程学习指导

机械工程材料应用是针对机械零件如何选用材料和热处理等工艺方法的一门技术应用课程。从事机械制造生产第一线的生产、技术、管理等工作的人员，尤其是机械类专业人员必须具备与此相关的知识与能力。以培养机械制造生产第一线需要的知识、技能为目标，用一种常用机械零件作为工作项目引入，实施典型工作任务驱动整个工作学习过程，形成强化应用的具有高等职业教育特点的新的教材体系。

通过本课程的学习，使学生获得常用机械零件的选材知识和材料应用职业技能，建立对材料成分、组织结构、加工使用、性能行为之间关系与规律的认识，掌握常用工程材料的种类、成分、组织、性能、改性方法和用途，具有选用常用工程材料和改变材料性能方法的初步能力，为学习其他有关课程和从事工业工程生产第一线生产、技术及管理工作奠定必要的基础。

应用是学习的目的。本课程具有覆盖知识面宽、综合性强、技术含量高、实用性很强等特点，学习中要注意归纳、总结，要注意理论联系实际，结合实验、实训和企业第一线生产实践，开拓思路，增长能力。

通过本书的学习，相信读者会对本章前面提出的问题获得深入、内行的回答。

习题与思考题

1. 查找资料，了解《周礼考工记》中有关青铜成分与性能关系的描述，并初步分析为什么不同的铜锡配比会反映出截然不同的性能。

2. 试举出一个你所了解的反映我国在材料应用方面成就的例子。

3. 为什么说钢铁材料是机械制造业的支柱？

4. 请举出10个在你身边不同种类工程材料的应用实例。

5. 以自行车大链轮为例，试分析其加工工艺过程。

6. 说明工程材料在机械制造过程中的地位和作用。

7. 完成一个课程报告。任意找一个就在身边或生活中熟悉的某种制品或零件（比如校徽、螺钉旋具、暖气管等），根据常识判断它是用什么材料制成的，分析一下为什么要选用这种材料。

项目二　螺栓、螺母的选材——碳素结构钢的应用

[问一问，想一想]：

我们常见的螺栓、螺母是用什么材料做的？它为什么具有这样的性能？材料内部是由什么构成的？

[学习目标]：

1）了解并分析螺栓、螺母的工作条件。

2）重点了解机械工程材料的强度、塑性等常用力学性能。

3）了解金属材料内部的晶体结构特点。

4）重点了解碳素结构钢的种类、牌号、性能与应用。

5）学会螺栓、螺母的选材。

螺栓、螺母是一种螺纹联接件，无论是在我们的日常生活中，还是在机械产品中都十分常见。普通螺纹联接件一般选用碳素结构钢制成。

一个机械零件选用什么材料需要考虑的因素很多，比如其工作条件怎样、失效形式如何等。所谓工作条件就是其受力情况、使用环境情况等；所谓失效形式就是零件使用过程中失去原有设计效能的现象。

2.1　螺纹联接件服役条件分析

图 2-1 为螺栓、螺母的工作状态图。

螺纹联接件在机械结构中的主要功能是把机构中的各个部分连接在一起，起到承受和传递载荷的作用。其中静载荷包括拉力、剪切力、摩擦力等单独或组合的力的作用。而动态作用力则可能是由于冲击或循环振动等载荷造成的。螺栓的主要作用力是拉力，它是在预紧力作用下产生的；而螺母中的作用力主要是螺纹受到剪切力。

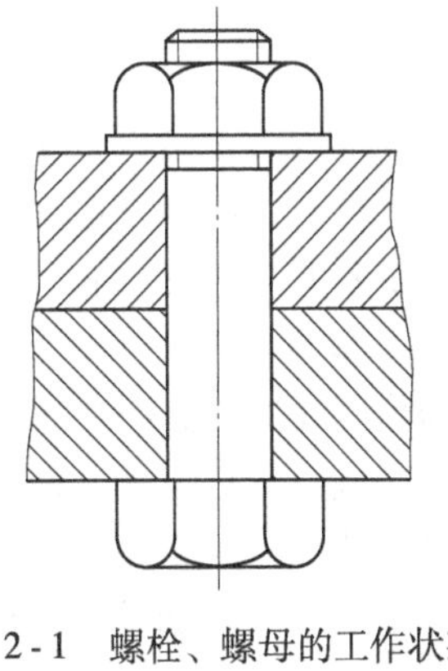

图 2-1　螺栓、螺母的工作状态

螺纹联接件的失效分析

对于受拉螺栓，其失效形式主要是螺纹部分的塑性变形和螺杆的断裂。对于受剪螺栓，其失效形式可能是螺栓杆被剪断或螺栓杆和孔壁的贴合面被压溃；如果螺纹精度低或联接时常装拆，则很可能发生滑扣现象。因此对螺纹联接件的强度等力学性能提出要求。

2.2 材料的力学性能——强度与塑性

各种材料，按其性能的不同，可以用于结构、工具或物理功能器件等。工程技术人员选用材料时首先要掌握材料的使用性能，同时要考虑材料的工艺性能和经济性。使用性能是材料在使用过程中表现出来的性能，主要有力学性能、物理性能与化学性能。工艺性能是指材料在各种加工过程中表现出来的性能，比如铸造、锻造、焊接、热处理和切削加工等性能。当然还要关注经济性，要力求材料选用的总成本为最低。在机械行业选用材料时，一般以力学性能作为主要依据。

材料常用的力学性能指标有强度、塑性、硬度、冲击韧性和疲劳极限等。

材料的强度与塑性是极为重要的力学性能指标，采用拉伸试验方法测定。所谓拉伸试验是指用静拉伸力对标准拉伸试样进行缓慢的轴向拉伸，直至拉断的一种试验方法。在拉伸试验中和拉伸试验后可测量力的变化与相应的伸长量，从而测出材料的强度与塑性。

试验前，将材料制成一定形状和尺寸的标准拉伸试样（见 GB/T 228—2002）。图 2-2 为常用的圆形标准拉伸试样，试样的直径为 d_0，标距的长度为 L_0。将试样装夹在拉伸试验机上，缓慢增加试验力，试样标距的长度将逐渐增加，直至拉断。若将试样从开始加载直到断裂前所受的拉力 F，与其所对应的试样标距长度 L_0 的伸长量 ΔL 绘成曲线，便得到力 - 伸长曲线。为消除试样几何尺寸对试验结果的影响，用试样原始截面积 S_0 去除拉力 F 得到应力 R_0，以试样原始标距 L_0 去除绝对伸长 ΔL 得到应变 ε，即 $R=F/S_0$，$\varepsilon=\Delta L/L_0$，则力 - 伸长（$F-\Delta L$）曲线就成了应力 - 应变（$R-\varepsilon$）曲线。图 2-2 即为退火低碳钢的应力 - 应变曲线。

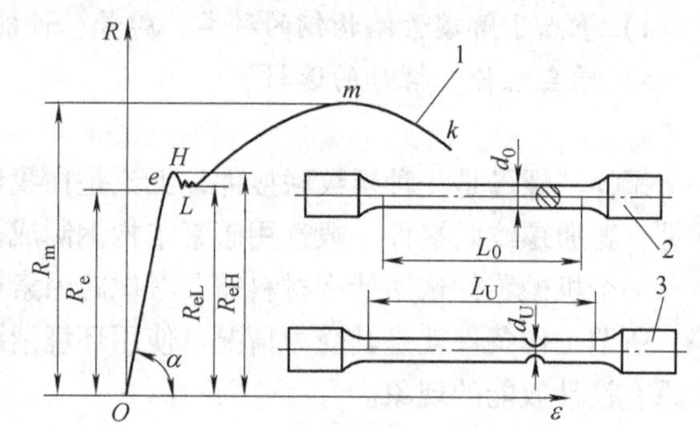

图 2-2　拉伸试样与应力 - 应变曲线
1—退火低碳钢的应力 - 应变曲线
2—拉伸试样　3—拉断后的试样

曲线表示了这样一个变形过程。曲线的 Oe 段近乎一条直线，表示受力不大时试样处于弹性变形阶段，即在应力不超过 R_e 时，应力与应变呈正比关系，若卸除试验力，试样能完全恢复到原来的形状和尺寸。这种能够完全恢复的变形叫弹性变形。当拉伸力继续增加超过 R_e 后，试样将产生不能完全恢复的永久变形，即塑性变形，并且在 H 点后曲线上出现平台或锯齿状线段，这时应力不增加而试样却继续伸长，称为屈服。屈服后试样产生均匀的塑性变形。应力继续增加，曲线又呈上升趋势，表示试样增强了抵抗拉伸力的能力。m 点表示试样抵抗拉伸力的最大能力，试样产生不均匀的塑性变形，这时试样上的某处截面积开始减小，形成缩颈。随后，试样承受拉伸力的能力迅速减小，至 k 点时，试样在缩颈处断裂。

2.2.1 强度

强度是材料在外力作用下抵抗塑性变形和断裂的能力。工程上常用的静拉伸强度指标有弹性极限、屈服强度和抗拉强度等。

1. 弹性极限

在弹性阶段内，卸力后而不产生塑性变形的最大应力为材料的弹性伸长应力，通常称为弹性极限，以 R_e 表示。显然，这是汽车板簧、仪表弹簧等弹性元件的重要性能指标。

$$R_e = F_e / S_0$$

式中　F_e——试样产生完全弹性变形时的最大拉伸力，N；

S_0——试样原始横截面积，mm^2。

应力的单位通常用 MPa 表示，$1MPa = 1N/mm^2$。

材料在弹性范围内应力与应变成正比，其比值 $E = R/\varepsilon$ 称为弹性模量，它表示材料抵抗弹性变形的能力，用以表示材料的刚度。其值越大，表示材料越不容易产生弹性变形，即材料的刚度越大。锻模、镗床的镗杆等零件和构件均要求有足够的刚度。

2. 屈服强度

在拉伸过程中力不增加，试样仍能继续伸长时的应力称为材料的屈服强度，上屈服强度 R_{eH} 是试样产生屈服而力首次下降前的最高应力；下屈服强度 R_{eL} 是指屈服期间的最低应力。这是工程上最重要的力学性能指标之一，绝大多数零件，如紧固螺栓、汽车连杆等，在工作时都不允许产生明显的塑性变形，否则将丧失其自身精度或影响配合。

$$R_{eH} = F_{eH} / S_0 \qquad R_{eL} = F_{eL} / S_0$$

式中　F_{eH}——试样产生屈服而力首次下降前的最高拉伸力，N；

F_{eL}——试样发生屈服时的最低拉伸力，N；

S_0——试样原始横截面积，mm^2。

对于无明显屈服现象的材料，则规定以试样卸除拉伸力后，其标距部分的残余应变量达到 0.2% 时的应力值作为条件屈服强度 $R_{r0.2}$（国标中称为规定残余延伸强度）。

3. 抗拉强度

拉伸过程中最大力 F_m 所对应的应力称为抗拉强度，用 R_m 表示。无论何种材料，R_m 均是标志其承受拉伸载荷时的实际承载能力。

$$R_m = F_m / S_0$$

式中　F_m——试样在拉伸过程中所能承受的最大拉伸力，N；

S_0——试样原始横截面积，mm^2。

抗拉强度表征材料对最大均匀变形的抗力，是材料在拉伸条件下所能承受最大力的应力值，它是设计和选材的主要依据之一。

2.2.2　塑性

塑性是指材料在外力作用下能够产生永久变形而不破坏的能力。常用的塑性指标有断后伸长率和断面收缩率。

1. 断后伸长率

试样拉断后，标距的伸长与原始标距的百分比称为断后伸长率，以 A 表示。

$$A = \frac{L_U - L_0}{L_0} \times 100\%$$

式中　L_U——试样拉断后的标距，mm；

L_0——试样原始标距，mm。

2. 断面收缩率

试样拉断后，缩颈处横截面积的最大缩减量与原始横截面积的百分比称为断面收缩率，以 Z 表示。其数值按下式计算：

$$Z = \frac{S_0 - S_U}{S_0} \times 100\%$$

式中 S_U——试样断裂后缩颈处的最小横截面积，mm^2；

S_0——试样原始截面积，mm^2。

A 或 Z 数值越大，则材料的塑性越好。材料具有一定的塑性，可保证某些成形工艺（如冲压、轧制）和修复工艺（如汽车外壳凹陷修复）的顺利进行。

需要指出的是，已经颁布的 GB/T 228—2002《金属材料室温拉伸试验方法》国家标准，为与国际接轨，其性能定义和符号都参照了国际标准的规定，与原标准差异较大。但目前我国工厂企业的相关产品标准有些还未同步修订，也有的涉及材料性能的国家标准尚未按照国际标准完成修订并公布，为便于了解和使用，本书将新旧标准及其符号列于表 2-1，以资对照。

表 2-1 新旧标准性能名称对照

GB/T 228—2002		GB/T 228—1987	
性能名称	符　号	性能名称	符　号
弹性极限	R_e	弹性极限	σ_e
上屈服强度	R_{eH}	屈服点	σ_s
下屈服强度	R_{eL}		
规定残余延伸强度	$R_{r0.2}$	规定残余伸长应力	$\sigma_{r0.2}$
抗拉强度	R_m	抗拉强度	σ_b
断后伸长率	A	断后伸长率	δ
断面收缩率	Z	断面收缩率	ψ

2.3 材料的晶体结构

螺栓、螺母等机械零件由于其使用中的受力情况需要具有较高的强度等力学性能。实际上，机械工程材料的各种性能，尤其是力学性能，与其内部微观结构是密不可分的。物质都是由原子组成的，原子的排列方式和空间分布称为结构。物质由液态转变为固态的过程称为凝固。大多数材料的使用状态是固态，因此，深入地分析和了解材料的固态结构与其形成过程是十分必要的。

固体物质根据其原子排列情况分为两种形式：晶体与非晶体。金属材料大多是晶体。物质的结构可以通过外界条件加以改变，这种改变为改善材料的性能提供了可能。

2.3.1 材料的结合方式

1. 结合键

组成物质的质点（原子、分子或离子）之间通过某种相互作用而联系在一起，这种作用力称为键。结合键对物质的性能有重大影响。通常结合键分为结合力较强的离子键、共价键、金属键和结合力较弱的分子键与氢键。

绝大多数金属元素是以金属键结合的。金属原子结构的特点是外层电子少，容易失去。当金属原子相互靠近时，这些外层电子就脱离原子，成为自由电子，为整个金属所共有，它们在整个金属内部运动，形成电子气。这种由金属正离子和自由电子之间相互作用而结合的方式称金属键。图 2-3 是金属键的模型。

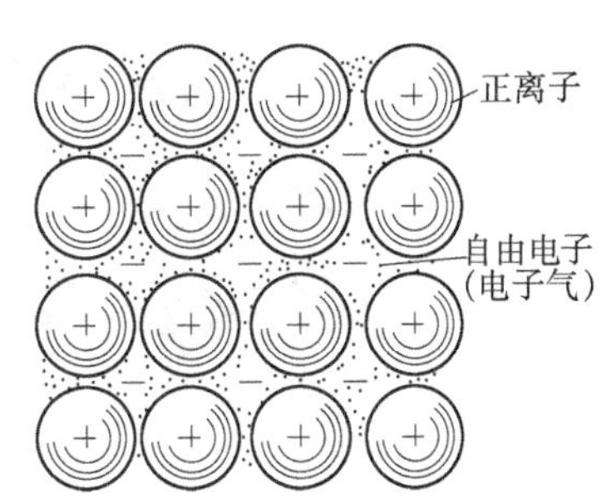

图 2-3 金属键模型

根据金属键的结合特点可以解释金属晶体的一般性能。由于自由电子的存在，容易形成电流，显示出良好的导电性；自由电子的易动性也使金属有良好的导热性；由于金属原子移动一定位置以后仍然保持金属键，所以具有很好的变形能力；自由电子可以吸收光的能量，因而金属不透明；而所吸收的能量在电子回复到原来状态时产生辐射，使金属具有光泽。

工程上使用的材料有的是单纯一种键，更多的是几种键的结合。金属材料的结合键主要是金属键，也有共价键和离子键（如某些金属间化合物）。陶瓷材料的结合键是离子键和共价键，大部分材料以离子键为主。所以陶瓷材料有高的熔点和很高的硬度，但脆性较大。高分子材料又称聚合物，它的结合键是共价键和分子键。由于高分子材料的分子很大，所以分子间的作用力也就很大，因而也具有一定的力学性能。

2. 晶体与非晶体

原子或分子通过结合键结合在一起时，依键性的不同以及原子或分子的大小可在空间组成不同的排列，即形成不同的结构。化学键相同而结构不同时，性能可以有很大差别。原子或分子在空间有秩序地排列形成晶体，无序排列就是非晶体。

(1) 晶体 几乎所有的金属、大部分陶瓷以及一些聚合物在其凝固时都要发生结晶，形成原子本身在三维空间按一定几何规律重复排列的有序结构，这种结构称为晶体。晶体具有固定熔点和各向异性等特性。

(2) 非晶体 某些工程上常用的材料，包括玻璃、绝大多数的塑料和少数从液态快速冷却下来的金属，还包括人们所熟悉的松香、沥青等，其内部原子无规则地堆垛在一起，这种结构为非晶体。非晶体材料的共同特点是：①结构无序，物理性质表现为各向同性；②没有固定的熔点；③热导率和热膨胀性均小；④塑性形变大。

(3) 晶体与非晶体的转化 非晶体结构从整体上看是无序的，但在有限的小范围内观察，还具有一定的规律性，即是近程有序的；而晶体尽管从整体上看是有序的，但由于有缺陷，在很小的尺寸范围内也存在着无序性。所以两者之间尚有共同特点且可互相转化。物质在不同条件下，既可形成晶体结构，又可形成非晶体结构。如金属液体在高速冷却下可以得到非晶态金属，玻璃经适当热处理可形成晶体玻璃。有些物质，可看成是有序和无序的中间状态，如塑料、液晶等。

2.3.2 金属材料的晶体结构

1. 晶体结构的基本概念

实际晶体中的各类质点（包括离子、电子等）虽然都是在不停地运动着，但是，通常在讨论晶体结构时，常把构成晶体的原子看成是一个个固定的小球，这些原子小球按一定的几何形式在空间紧密堆积，如图2-4a所示。

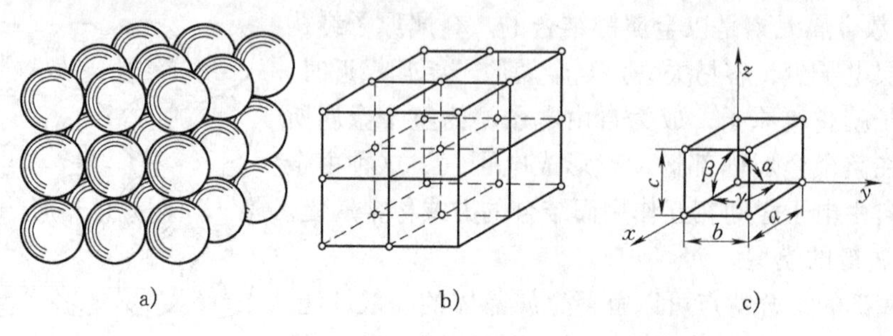

图2-4 简单立方晶格与晶胞示意图

a）晶体中的原子排列 b）晶格 c）晶胞及晶格参数表示方法

为了便于描述晶体内部原子排列的规律，将每个原子视为一个几何质点，并用一些假想的几何线条将各质点连接起来，便形成一个空间几何格架。这种抽象的用于描述原子在晶体中排列方式的空间几何格架称为晶格（见图2-4b）。由于晶体中原子作周期性规则排列，因此可以在晶格内取一个能代表晶格特征的，由最少数目的原子构成的最小结构单元来表示晶格，称为晶胞（见图2-4c），并用棱边长度 a、b、c 和棱边夹角 α、β、γ 来表示晶胞的几何形状及尺寸。不难看出，晶格可以由晶胞不断重复堆砌而成。通过对晶胞的研究，可找出该种晶体中原子在空间的排列规律。晶格类型不同，就呈现出不同的力学和物理、化学性能。

2. 三种典型的金属晶体结构

在金属晶体中，约有90%属于以下三种常见的晶格类型：体心立方晶格、面心立方晶格和密排六方晶格。

体心立方晶格的晶胞是一个立方体，在立方体的八个角上和晶胞中心各有一个原子，如图2-5所示。属于这种晶格类型的金属有 α-Fe、Cr、W、Mo、V、Nb等。

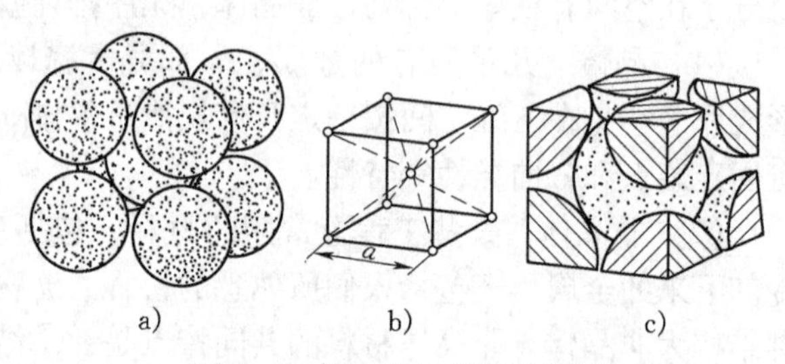

图2-5 体心立方晶胞示意图

面心立方晶格和密排六方晶格示意图分别如图2-6和图2-7所示。属于面心立方晶格类型的金属有 γ-Fe、Cu、Al、Ni、Ag、Pb等；属于密排六方晶格类型的金属有Mg、Zn、Be等。

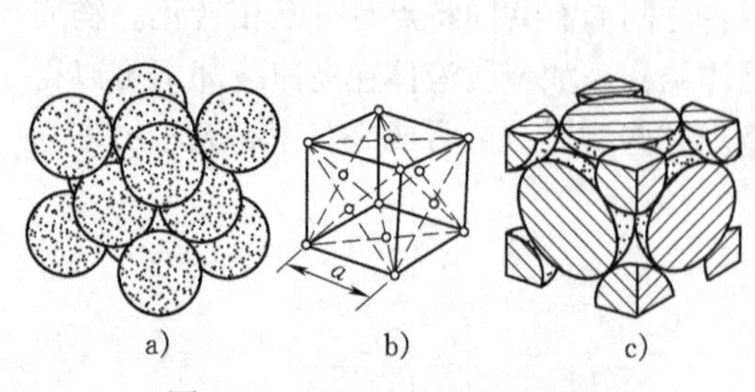

图2-6 面心立方晶胞示意图

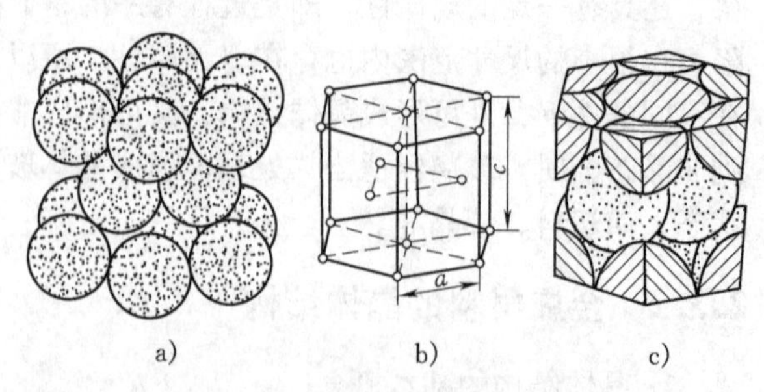

图2-7 密排六方晶格示意图

3. 实际金属的晶体结构

（1）单晶体和多晶体　如果一块金属晶体，其内部的晶格位向完全一致，则称为单晶体。金属的单晶体只能靠特殊的方法制得。实际使用的金属材料都是由许多晶格位向不同的微小晶体组成的，称为多晶体，如图2-8所示。每个小晶体都相当于一个单晶体，内部的晶格位向是一致的，而小晶体之间的位向却不相同。这种外形呈多面体颗粒状的小晶体称为晶粒。晶粒与晶粒之间的界面称为晶界。在晶粒内部，实际上也不是理想的规则排列，而是由于结晶或其他加工等条件的影响，存在着大量的晶体缺陷，它们对性能有很大影响。

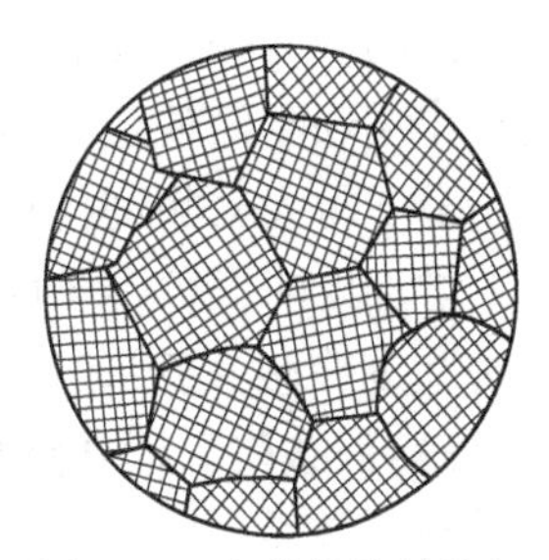

图2-8　多晶体的晶粒与晶界示意图

（2）晶体缺陷　根据晶体缺陷存在形式的几何特点，通常将它们分为点缺陷、线缺陷和面缺陷三大类。

1）点缺陷。点缺陷是指在空间三个方向尺寸都很小的缺陷。最常见的点缺陷是晶格空位和间隙原子。晶格中某个原子脱离了平衡位置，形成了空结点，称为空位。某个晶格间隙中挤进了原子，称为间隙原子，如图2-9所示。缺陷的出现，破坏了原子间的平衡状态，使晶格发生扭曲，称为晶格畸变。晶格畸变将使晶体性能发生改变，如强度、硬度和电阻增加。

此外，空位和间隙原子的运动也是晶体中原子扩散的主要方式之一，这对金属热处理过程是极其重要的。

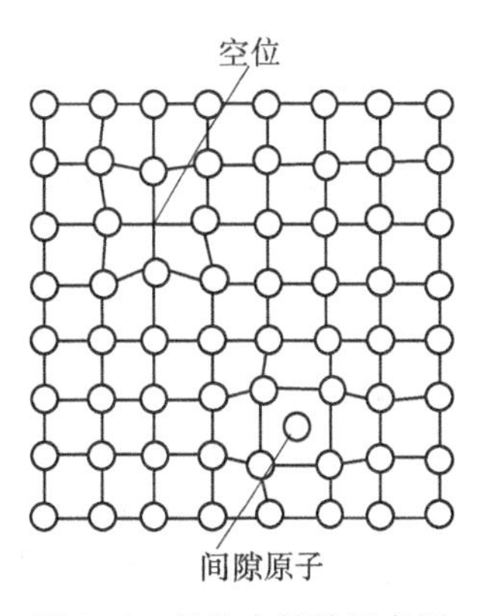

图2-9　晶格点缺陷示意图

2）线缺陷。线缺陷的特征是在晶体空间两个方向上尺寸很小，而第三个方向的尺寸很大。属于这一类的主要是各种类型的位错。

位错是一种很重要的晶体缺陷。它是晶体中一列或数列原子发生有规律错排的现象。位错有许多类型，这里只介绍简单立方晶体中的刃型位错几何模型，如图2-10所示。由图可见，在晶体的*ABC*平面以上，多出一个垂直半原子面，这个多余半原子面像刀刃一样垂直切入晶体，使晶体中刃部周围上下的原子产生了错排现象。多余半原子面底边（*EF*线）称为位错线。在位错线周围引起晶格畸变，离位错线越近，畸变越严重。

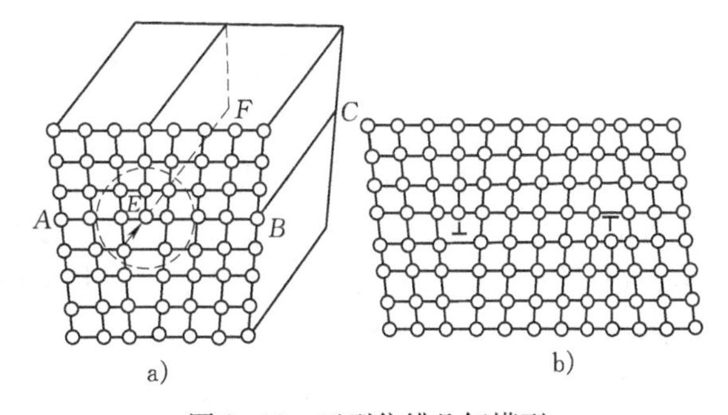

图2-10　刃型位错几何模型

晶体中的位错不是固定不变的。晶体中的原子发生热运动或晶体受外力作用而发生塑性变形时，位错在晶体中能够进行不同形式的运动，致使位错密度（单位体积晶体中位错的总长度）及组态发生变化。位错的存在及其密度的变化对金属很多性能会产生重大影响。图2-11定性地表达了金属强度与其中位错密度之间的关系。图中的理论强度是根据原子结合力计算出的理想晶体的强度值。如果用特殊方法制成几乎不含位错的晶须，其强度接近理论计算值。一般金属的强度由于位错的存在较理论值约低二个数量级，此时金属易于进行塑性变形。但随着位错密度的增加，位错之间的相互作用和制约使位错运动变得困难起来，金属的强度会逐步提高。当缺陷增至趋近100%时，金属将失去规则排列的特征，而成为非晶态金属，这时金属也显示出很高的强度。可见，增加或降低位错密度都能有效提高金属的强度。目前生产中一般是采用增加位错密度的方法（如冷塑性变形）等来提高金属强度。

3）面缺陷。面缺陷特征是在一个方向上尺寸很小，而另两个方向上尺寸很大，主要指晶界和亚晶界。

晶界处的原子排列与晶内是不同的，要同时受到其两侧晶粒不同位向的综合影响，所以晶界处原子排列是不规则的，是从一种取向到另一种取向的过渡状态（如图2-12a所示）。在一个晶粒内部，还可能存在许多更细小的晶块，它们之间晶格位向差很小，通常小于2°~3°，这些小晶块称为亚晶。亚晶粒之间的界面称为亚晶界（如图2-12b所示）。

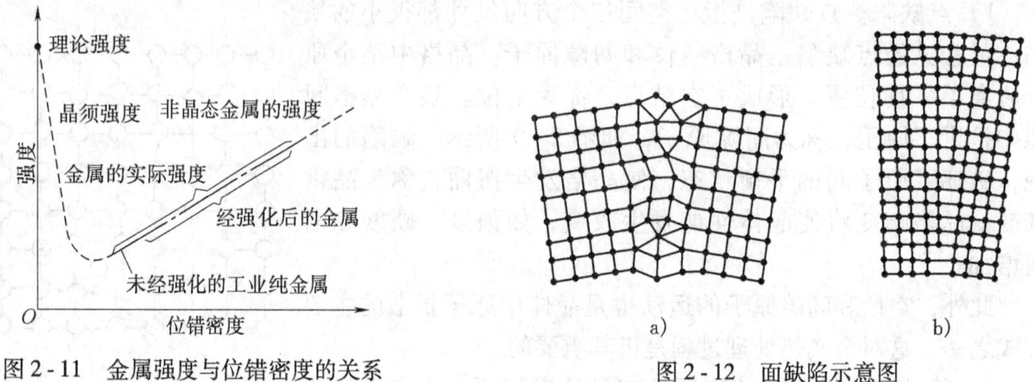

图2-11 金属强度与位错密度的关系

图2-12 面缺陷示意图
a）晶界 b）亚晶界

由于晶界处原子排列不规则，偏离平衡位置，因而使晶界处能量较晶粒内部要高，引起晶界的性能与晶粒内部不同。例如，晶界比晶内易受腐蚀、熔点低，晶界对塑性变形（位错运动）有阻碍作用等。在常温下，晶界处不易产生塑性变形，故晶界处硬度和强度均较晶内高。晶粒越细小，晶界亦越多，则金属的强度和硬度亦越高。

4. 合金的晶体结构

由于纯金属的力学性能较低，所以工程上应用最广泛的是各种合金。合金是由两种或两种以上的金属元素，或金属和非金属元素组成的具有金属性质的物质。如黄铜是铜和锌的合金，钢是铁和碳等的合金。对合金而言，其结构及影响性能的因素更为复杂。下面以合金中的基本相为重点介绍合金的结构。

组成合金的最基本的独立物质称为组元。组元可以是金属元素、非金属元素和稳定的化合物。根据组元数的多少，可分为二元合金、三元合金等。

所谓相是金属或合金中具有相同成分、相同结构并以界面相互分开的各个均匀组成部分。若合金是由成分、结构都相同的同一种晶粒构成的，则各晶粒虽有界面分开，却属于同一种相；若合金是由成分、结构互不相同的几种晶粒所构成，它们将属于不同的几种相。金属与合金的一种相在一定条件下可以变为另一种相，叫做相变。例如纯铜在熔点温度以上或以下，分别为液相或固相，而在熔点温度时则为液、固两相共存。

用金相观察方法，在金属及合金内部看到的组成相的种类、大小、形状、数量、分布及相间结合状态称为组织。只有一种相组成的组织为单相组织；由两种或两种以上相组成的组织为多相组织。

合金的基本相结构可分为固溶体和金属化合物两大类。

(1) 固溶体　溶质原子溶入溶剂晶格中而仍保持溶剂晶格类型的合金相称为固溶体。根据溶质原子在溶剂晶格中占据的位置，可将固溶体分为置换固溶体和间隙固溶体。如图 2-13 所示。

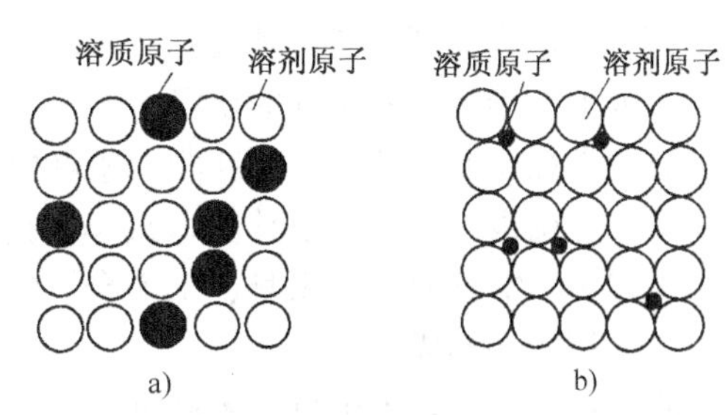

图 2-13　固溶体结构示意图

a) 置换固溶体　b) 间隙固溶体

由于溶质原子的溶入，会引起固溶体晶格发生畸变，使合金的强度、硬度提高。这种通过溶入原子，使合金强度和硬度提高的方法叫固溶强化。固溶强化是提高材料力学性能的重要强化方法之一。

(2) 金属化合物　金属化合物是合金元素间发生相互作用而生成的具有金属性质的一种新相，其晶格类型和性能不同于合金中的任一组成元素，一般可用分子式来表示。金属化合物一般具有复杂的晶体结构，熔点高，硬而脆。当合金中出现金属化合物时，通常能提高合金的强度、硬度和耐磨性，但会降低塑性和韧性。以金属化合物作为强化相强化金属材料的方法，称为第二相强化。金属化合物是各种合金钢、硬质合金及许多非铁金属的重要组成相。金属化合物也可以溶入其他元素的原子，形成以金属化合物为基的固溶体。Fe_3C 是铁与碳相互作用形成的一种金属化合物，称为渗碳体。图 2-14 是渗碳体的晶体结构，碳的质量分数 $w_C=6.69\%$。

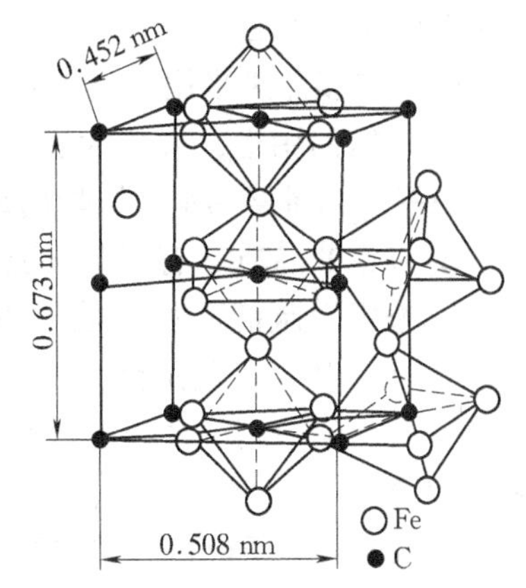

图 2-14　渗碳体的晶体结构

合金组织可以是单相的固溶体组织，但由于其强度不高，应用受到了一定的限制。因此，多数合金是由固溶体和少量金属化合物组成的混合物。人们可以通过调整固溶体的溶解度和分布于其中的化合物的形状、数量、大小和分布来调整合金的性能，以满足不同的需要。

2.4　金属材料的分类

一般的螺栓、螺母等螺纹联接件都是用金属材料制成的，也有的螺纹联接件要求强度不高而用工程塑料等非金属材料制成。传统的金属材料主要包括工业用钢、铸铁和非铁金属材料等三大类。

以铁为主要元素，碳的质量分数一般在2%以下，并含有其他元素的材料称为钢。其中非合金钢价格低廉，工艺性能好，力学性能能够满足一般工程和机械制造的使用要求，是工业中用量最大的金属材料。但工业生产不断对钢提出更高的要求，为了提高钢的力学性能，改善钢的工艺性能和得到某些特殊的物理、化学性能，有目的的向钢中加入某些合金元素，从而得到合金钢。与非合金钢相比，合金钢经过合理的加工处理后能够获得较高的力学性能，有的还具有耐热、耐酸、不锈等特殊物理化学性能。但其价格较高，某些加工工艺性能较差。某些专用钢只能应用于特定工作条件。因此应正确选用各类钢材，合理制定其冷热加工工艺，以达到提高效能、延长寿命、节约材料、降低成本、产生良好经济效益的目的。

工业上常用的铸铁是碳的质量分数 $w_C=2.0\%\sim4.0\%$ 的铁、碳、硅多元合金。有时为了提高力学性能或物理、化学性能，还可加入一定量的合金元素，得到合金铸铁。铸铁在机械制造中应用很广。按重量计算，汽车、拖拉机中铸铁零件约占 50% ~70%，机床中约占 60% ~90%。常见的机床床身、工作台、箱体、底座等形状复杂或受压力及摩擦作用的零件，大多用铸铁制成。

除去铁及其合金等黑色金属材料以外的金属材料，工业上一般称为非铁金属材料或有色金属材料。与钢铁相比，非铁金属的产量低，价格高，但由于其具有许多优良特性，因而在科技和工程中也占有重要的地位，是一种不可缺少的工程材料。

2.4.1 钢的分类

工业用钢的种类繁多，根据不同需要，可采用不同的分类方法，在有些情况下需将几种不同方法混合使用。

1. 我国多年来采用的分类方法

① 按钢的用途，可分为建筑及工程用钢、机械制造用结构钢、工具钢、特殊性能钢、专业用钢（如桥梁用钢、锅炉用钢）等。

② 按钢的品质（有害杂质硫、磷含量），划分为普通质量钢、优质钢、高级优质钢。

③ 按钢中碳的质量分数可以不太严格地分为低碳钢（$w_C\leqslant0.25\%$）、中碳钢（$w_C=0.25\%\sim0.60\%$）、高碳钢（$w_C>0.60\%$）。

④ 合金钢按钢中合金元素的总质量分数可分为低合金钢（$w_{Me}\leqslant5\%$）、中合金钢（$w_{Me}>5\sim10\%$）、高合金钢（$w_{Me}>10\%$）。

2. 我国实施新的钢分类方法

国家标准 GB/T 13304.1—2008 及国标 GB/T 13304.2—2008《钢分类》是参照国际标准制定的。按照化学成分、主要质量等级和主要性能及使用特性，我们将钢的分类总结归纳如表 2-2 所示。

表 2-2 钢的分类

分类方法		分类名称	备注
钢	非合金钢	普通质量非合金钢	碳素结构钢、碳素钢筋钢、铁道用一般碳素钢、一般钢板桩型钢等
		优质非合金钢	机械结构用优质碳素钢、工程结构用碳素钢、冲压薄板用低碳结构钢、镀层板带用碳素钢、锅炉和压力容器用碳素钢、造船用碳素钢、铁道用碳素钢、焊条用碳素钢、标准件用钢、冷镦用钢、非合金易切削钢、电工用非合金钢、优质铸造碳素钢等
		特殊质量非合金钢	保证淬透性非合金钢、保证厚度方向性能非合金钢、铁道用特殊非合金钢、航空兵器等用非合金结构钢、核能用非合金钢、特殊焊条用非合金钢、碳素弹簧钢、特殊盘条钢丝、特殊易切削钢、碳素工具钢、电磁纯铁、原料纯铁等

（续）

分类方法		分类名称	备　注
钢	低合金钢	普通质量低合金钢	一般低合金高强度钢、低合金钢筋钢、铁道用一般低合金钢、矿用一般低合金钢等
		优质低合金钢	通用低合金钢高强度结构钢、锅炉和压力容器用低合金钢、造船用低合金钢、汽车用低合金钢、桥梁用低合金钢、自行车用低合金钢、低合金耐候钢、铁道用低合金钢、矿用优质低合金钢、输油管线用低合金钢等
		特殊质量低合金钢	核能用低合金钢、保证厚度方向性能低合金钢、铁道用特殊低合金钢、低温压力容器用钢、舰船及兵器等专用低合金钢等
	合金钢	优质合金钢	一般工程结构用合金钢、合金钢筋钢、电工用硅（铅）钢、铁道用合金钢、地质和石油钻探用合金钢、耐磨钢、硅锰弹簧钢等
		特殊质量合金钢	压力容器用合金钢、经热处理的合金结构钢、经热处理的地质和石油钻探用合金钢管、合金结构钢（调质钢、渗碳钢、渗氮钢、冷塑性成形用钢）、合金弹簧钢、不锈钢、耐热钢、合金工具钢（量具刃具用钢、耐冲击工具用钢、热作模具钢、冷作模具钢、塑料模具钢）、高速工具钢、轴承钢、高电阻电热钢、无磁钢、永磁钢、软磁钢等

3. 钢材的分类

钢经压力加工制成的各种形状的材料称为钢材。按大类可分为型材、钢板（包括带钢）、钢管和钢丝四类。

（1）型材　由碳素结构钢、优质碳素结构钢和低合金高强度钢轧制而成。按钢材横截面形状分为工字钢、方钢、圆钢、扁钢、六角钢、八角钢和螺纹钢。主要用于建筑工程结构（如厂房、楼房、桥梁等）、电力工程结构（如输送塔）、车辆结构（如拖拉机、集装箱等）。型材规格一般根据边长或横截面直径等来确定。优质钢型材主要用于制造紧固件（螺母、螺栓等）、船用锚链、内燃机气阀等。线材是横截面为圆形、直径为5～9mm的热轧型材。通常采用卷线机将线材卷成盘卷投放市场，因此也称为盘条或盘圆。

（2）钢板　钢板是厚度远小于长度和宽度的板状钢材。依板厚不同，分为薄钢板（厚度不大于4mm、宽度不小于600mm的钢板）、中厚板（厚度不小于4mm、宽度不小于600mm的钢板）。薄钢板按加工方法又分为热轧薄板和冷轧薄板，冷轧薄板是热轧薄板经冷压力加工得到的产品。在表面上镀有金属镀层或涂有无机或有机涂料的薄钢板称为涂镀薄板，如镀锌薄板、镀锡薄板、镀铬薄板、镀铝薄板和彩涂薄板等。中厚板主要用于机械、造船、容器、石油化工和建筑结构等制造企业。

（3）钢管　按生产工艺不同可分为无缝钢管和焊接钢管两类。无缝钢管是由钢锭、管坯或钢棒穿孔制成的无缝的钢管；焊管是由钢板或钢带卷焊制成的。

（4）钢丝　钢丝是以线材为原料，经拔制加工而成的断面细小的条状钢材。

2.4.2　铸铁的分类

根据碳在铸铁中存在形态的不同，铸铁可分为下列几种：

（1）白口铸铁　碳全部以碳化物形式存在，其断口呈亮白色。由于有大量硬而脆的渗碳体，故普通白口铸铁硬度高、脆性大，工业上极少直接用它制造机械零件，而主要作炼钢原料或可锻铸铁零件的毛坯。

(2) 灰铸铁　碳主要以片状石墨形式存在，断口呈灰色。灰铸铁是工业生产中应用最广泛的一种铸铁材料。

(3) 可锻铸铁　由一定成分的白口铸铁铸件经过较长时间的高温可锻化退火，使白口铸铁中的渗碳体大部分或全部分解成团絮状石墨。这种铸铁并不可锻，但强度和塑性、韧性比灰铸铁好。

(4) 球墨铸铁　铁液经过球化处理后浇注，铸铁中的碳大部或全部成球状石墨形式存在，用于力学性能要求高的铸件。

(5) 蠕墨铸铁　碳主要以蠕虫状石墨形态存在于铸铁中，石墨形状介于片状和球状石墨之间，类似于片状石墨，但片短而厚，头部较圆，形似蠕虫。

灰铸铁、可锻铸铁、球墨铸铁、蠕墨铸铁是一般工程应用铸铁。为了满足工业生产的各种特殊性能要求，向上述铸铁中加入某些合金元素，可得到具有耐磨、耐热、耐蚀等特性的多种合金铸铁。

2.4.3　非铁金属材料的分类

非铁金属材料的种类很多，工业中常用的非铁金属材料主要有铝及铝合金、铜及铜合金、轴承合金、硬质合金和钛合金、镁合金等。

(1) 铝合金　铝中加入 Si、Cu、Mg、Zn、Mn 等元素制成的合金。依据其成分和工艺性能，可划分为变形铝合金和铸造铝合金两大类。前者塑性优良，适于压力加工；后者塑性低，更适于铸造成形。

(2) 铜合金　铜中加入 Zn、Sn、Ni、Al、Si 等元素制成的合金。按照化学成分，其主要分为黄铜、青铜和白铜三大类。以 Zn 为主要合金元素的为黄铜；以 Ni 为主要合金元素的为白铜；其他铜合金习惯上都称为青铜。

2.5　碳素结构钢及螺纹联接件的选材

选材就是具体零件选用材料的过程。选材要考虑这种零件的工作条件、失效方式、性能要求，并结合材料的分类来进行。

普通螺纹联接件一般选用碳素结构钢制成。碳素结构钢是建筑及工程用非合金结构钢，价格低廉，工艺性能（焊接性、冷变形成型性）优良，用于制造一般工程结构及普通机械零件。通常热轧成扁平成品或各种型材（圆钢、方钢、工字钢、钢筋等），一般不经过热处理，在热轧态直接使用。表 2-3 分别列出了碳素结构钢牌号、化学成分及用途。

碳素结构钢的牌号由代表屈服强度的汉语拼音首位字母 Q、屈服强度数值、质量等级符号、脱氧方法符号等部分按顺序组成。其中，质量等级用 A、B、C、D、E 表示 S、P 含量不同，脱氧方法用 F（沸腾钢）、b（半镇静钢）、Z（镇静钢）、TZ（特殊镇静钢）表示，钢号中“Z”和“TZ”可以省略。例如 Q235—AF 代表屈服强度 $R_e=235\text{MPa}$、质量为 A 级的沸腾碳素结构钢。

表 2-3　碳素结构钢的牌号、化学成分及用途

<table>
<tr><th rowspan="2">牌号</th><th rowspan="2">等级</th><th rowspan="2">脱氧方法</th><th colspan="5">化学成分（质量分数）（%），不大于</th><th rowspan="2">应用举例</th></tr>
<tr><th>C</th><th>Si</th><th>Mn</th><th>P</th><th>S</th></tr>
<tr><td>Q195</td><td>—</td><td>F、Z</td><td>0.12</td><td>0.30</td><td>0.50</td><td>0.035</td><td>0.040</td><td rowspan="3">用于制作钉子、铆钉、垫块及轻载荷的冲压件</td></tr>
<tr><td rowspan="2">Q215</td><td>A</td><td rowspan="2">F、Z</td><td rowspan="2">0.15</td><td rowspan="2">0.35</td><td rowspan="2">1.20</td><td rowspan="2">0.045</td><td>0.050</td></tr>
<tr><td>B</td><td>0.045</td></tr>
<tr><td rowspan="4">Q235</td><td>A</td><td rowspan="2">F、Z</td><td>0.22</td><td rowspan="4">0.35</td><td rowspan="4">1.40</td><td rowspan="2">0.045</td><td>0.050</td><td rowspan="4">用于制作小轴、拉杆、螺栓、螺母、法兰等不太重要的零件</td></tr>
<tr><td>B</td><td>0.20</td><td>0.045</td></tr>
<tr><td>C</td><td>Z</td><td rowspan="2">0.17</td><td>0.040</td><td>0.040</td></tr>
<tr><td>D</td><td>TZ</td><td>0.035</td><td>0.035</td></tr>
<tr><td rowspan="5">Q275</td><td>A</td><td>F、Z</td><td>0.24</td><td rowspan="5">0.35</td><td rowspan="5">1.50</td><td>0.045</td><td>0.050</td><td rowspan="5">用于制作拉杆、连杆、转轴、心轴、齿轮和键等</td></tr>
<tr><td rowspan="2">B</td><td rowspan="2">Z</td><td>0.21</td><td rowspan="2">0.045</td><td rowspan="2">0.045</td></tr>
<tr><td>0.22</td></tr>
<tr><td>C</td><td>Z</td><td rowspan="2">0.20</td><td>0.040</td><td>0.040</td></tr>
<tr><td>D</td><td>TZ</td><td>0.035</td><td>0.035</td></tr>
</table>

螺纹联接件用钢因为成形方法不同，也会有所调整或采用专用钢。如果是冷镦或冷挤压成形的，则要求材料塑性要好，变形抗力小，表面质量高，以保证冷作成形并且不会开裂。如果采用热锻成形，则要求材料具有良好的热塑性，以保证热作成形并不产生裂纹。

习题与思考题

1. 什么叫做应力？什么叫做应变？低碳钢拉伸应力－应变曲线可分为哪几个变形阶段？这些阶段各具有什么明显特征？
2. 由拉伸试验可以得出哪些力学性能指标？在工程上这些指标是怎样定义的？
3. 有一 $d_0 = 10.0\text{mm}$，$L_0 = 50\text{mm}$ 的低碳钢比例试样，拉伸试验时测得 $F_{eL} = 20.5\text{kN}$，$F_m = 31.5\text{kN}$，$d_1 = 6.25\text{mm}$，$L_U = 66\text{mm}$，试确定此钢材的 R_{eL}、R_m、A、Z。
4. 传统的金属材料分为几大类？其中钢材和铸铁又可以进一步细分为几类？
5. 为什么单晶体具有各向异性，而多晶体一般不显示各项异性？
6. 晶体缺陷有哪些？其对金属材料的力学性能有什么影响？
7. 合金的结构与纯金属的结构有什么不同？合金的性能为什么优于纯金属？
8. 试举出几个你认为是碳素结构钢制造的零件。

项目三　手锯锯条的选材——碳素工具钢的应用

[问一问，想一想]：

我们都见过锯条，锯条是用什么材料做的？它与做螺栓、螺母的材料性能要求有哪些区别？材料的晶体结构是如何形成的？什么是材料的热处理？

[学习目标]：

1）了解并分析手锯锯条的工作条件。

2）重点了解机械工程材料的硬度、韧性等常用力学性能。

3）了解金属材料的结晶特点，重点掌握铁碳相图及其应用。

4）重点了解金属材料热处理基础知识。

5）重点了解碳素工具钢的种类、牌号、性能与应用。

6）学会手锯锯条的选材。

锯条与螺栓、螺母的工作条件和失效形式是不同的。螺栓、螺母是一种机械零件，而锯条则是一种机械加工工具。在机械制造工作中，钳工是不可缺少的一个工种，它的工作范围很广，工作种类繁多，其中锯削是钳工的基本工艺之一。锯削刀具锯条的选材对加工质量、加工效率等起着非常重要的作用。普通手锯锯条一般选用碳素工具钢制造。

3.1　手锯锯条的服役条件分析

3.1.1　手锯锯条的工作条件

锯条在切削时，锯齿与工件之间，锯齿与切除的切屑之间会产生强烈的摩擦，因此要求工具必须有高的硬度。除此之外锯条还要承受较强的应力作用和不同程度的冲击力，因此锯条除必须具备较高的强度外，还应有较高的韧性。图 3-1 所示为手锯锯条的工作状态。

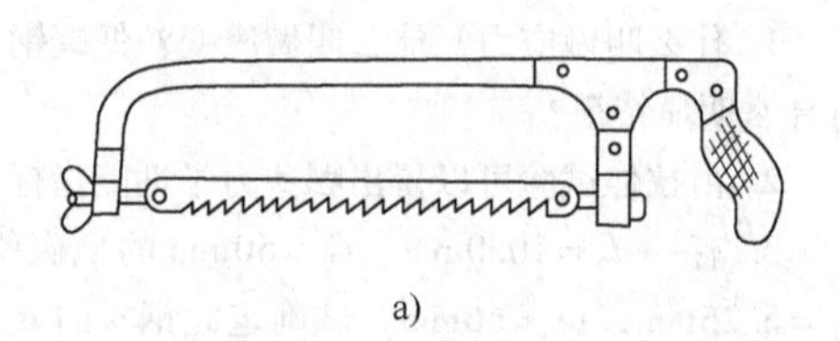

a)

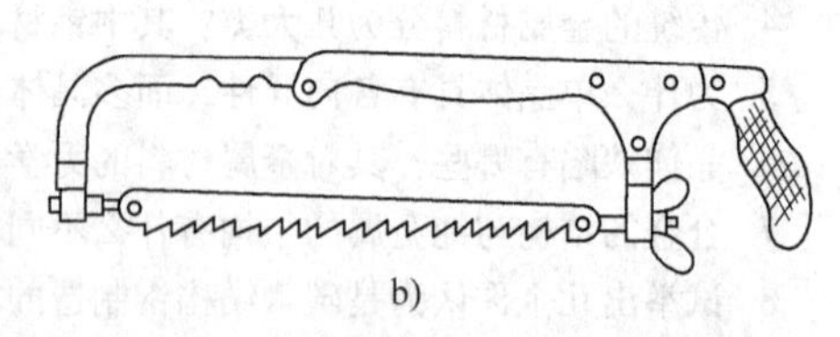

b)

图 3-1　手锯锯条的工作状态

a）固定式　b）可调式

有时韧性会成为工具最重要的性能，因为在工具的切削过程中，刀尖会在外力的作用下产生崩刃、折断等情况，这时韧性就决定了工具的寿命，因此对工具的韧性应该极其重视。

3.1.2　手锯锯条的失效分析

手锯锯条常见的失效形式主要有以下几种：

(1) 磨损　磨损是在正常使用情况下，切削工具最常见的失效形式。手锯锯条产生严重磨损时会发出尖叫声或产生严重振动，甚至无法切削。磨损大都是由于工具与被加工工件或切屑之间的磨粒摩擦造成的。锯条产生不正常磨损的主要原因是耐磨性不高。耐磨性不高大都是硬度不足或摩擦受热后硬度下降造成的。为提高锯条的耐磨性，就应该选择高耐磨性、高硬度的原材料，并且需要热处理强化。

(2) 崩刃　崩刃也是锯条常见的失效形式之一。很多崩刃现象的产生是由于切削时切削刃长期承受周期性的循环应力所产生的一种疲劳破坏现象，有时也可能是由于突然产生的冲击应力造成的。因此制造这类工具的原材料应该组织均匀，热处理硬度也不宜过高，宜取下限，应保证材料具有足够的韧性。

(3) 断裂　锯条由于承受较大的冲击力或因工具自身的脆性较大有时会产生整体断裂、破碎现象。工具的断裂、破碎与工具本身的韧性不足有关。

3.2　材料的力学性能——硬度与韧性

3.2.1　硬度

硬度是指金属表面一个小的或很小的体积内抵抗弹性变形、塑性变形或抵抗破裂的一种能力，在一定程度上反映了材料的综合力学性能指标。硬度能够反映出金属材料在化学成分、金相组织和热处理状态上的差异，是检验产品质量、确定合理的加工工艺所不可缺少的检测性能之一。同时硬度试验也是金属力学性能试验中最简便、最迅速的一种方法。

硬度试验方法很多，机械制造生产中应用最广泛的方法是布氏硬度试验法和洛氏硬度试验法。

1. 布氏硬度

布氏硬度的试验原理如图3-2所示。它是用一定大小的试验力 F(N)，把直径为 D(mm) 的硬质合金球压入被测金属的表面，保持规定时间后卸除试验力，测出压痕平均直径 d(mm)，然后按公式求出布氏硬度 HBW 值，或者根据 d 从已备好的布氏硬度表中查出 HBW 值。

$$\text{HBW}=0.102\frac{F}{\pi Dh}=0.102\frac{2F}{\pi D\left(D-\sqrt{D_2-d_2}\right)}$$

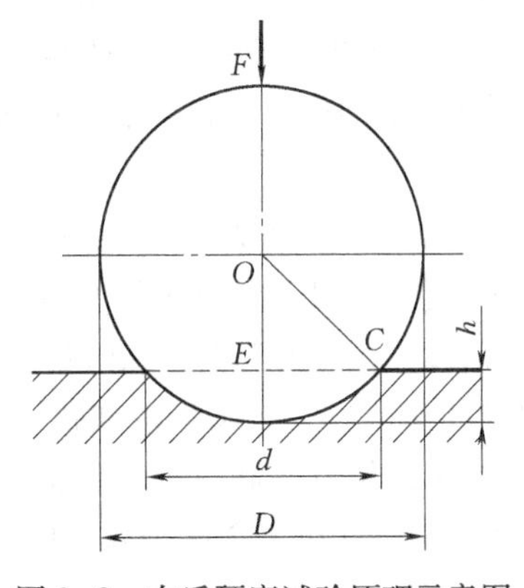

图3-2　布氏硬度试验原理示意图

由于金属材料有硬有软，被测工件有厚有薄，有大有小，如果只采用一种标准的试验力 F 和压头直径 D，就会出现对某些材料和工件不适应的现象。对同一种材料采用不同的 F 和 D 进行试验时，能否得到同一的布氏硬度值，关键在于压痕几何形状的相似性，即应建立 F 和 D 的某种选配关系，以保证布氏硬度的不变性。

在布氏硬度试验时，只要 F/D^2（F 以 kgf[⊖] 为单位）相同，所得结果就有可比性。国家

⊖ 1kgf = 9.80665N。

标准（GB/T 231—2002）规定了30、15、10、5、2.5、2和1共七种 F/D^2 值，以满足对不同硬度的材料测试的需要。F/D^2 值可参照表3-1来选择。

表3-1 布氏硬度试验规范

材料	布氏硬度 HBW	F/D^2
钢及铸铁	<140 >140	10 30
铜及其合金	<35 35~130 >130	5 10 30
轻金属及其合金	<35 35~80 >80	2.5（1.25） 10（5或15） 10（15）
铅、锡		1.25（1）

布式硬度值以符号HBW表示，符号HBW之前的数字为硬度值，符号后面依次用相应数值注明压头球体直径（mm）、试验力（0.102N）、试验力保持时间（s）（10~15s不标注）。例如：500HBW5/750表示用直径5mm硬质合金球在7355N试验力作用下保持10~15s测得的布氏硬度值为500。

目前，布氏硬度试验法主要用于铸铁、非铁金属以及经退火、正火和调质处理的钢材的硬度测定。

2. 洛氏硬度

洛氏硬度试验是目前应用最广的性能试验方法，它是采用直接测量压痕深度来确定硬度值的。

洛氏硬度试验原理如图3-3所示。它是用顶角为120°的金刚石圆锥体或直径为1.588mm（1/16in）的淬火钢球作压头，先施加初试验力 F_1（98N），再加上主试验力 F_2，其总试验力为 $F=F_1+F_2$。图中0-0为压头没有与试样接触时的位置；1-1为压头受到初试验力 F_1 后压入试样的位置；2-2为压头受到总试验力 F 后压入试样的位置；经规定的保持时间，卸除主试验力 F_2，仍保留初试验力 F_1，试样弹性变形的恢复使压头上升到3-3的位置。此时压头受主试验力作用压入的深度为 h，即1-1位置至3-3位置。金属越硬，h 值越小；金属越软，h 值越大。一般洛氏硬度机不需直接测量压痕深度，硬度值可由刻度盘上的指针指示出来。

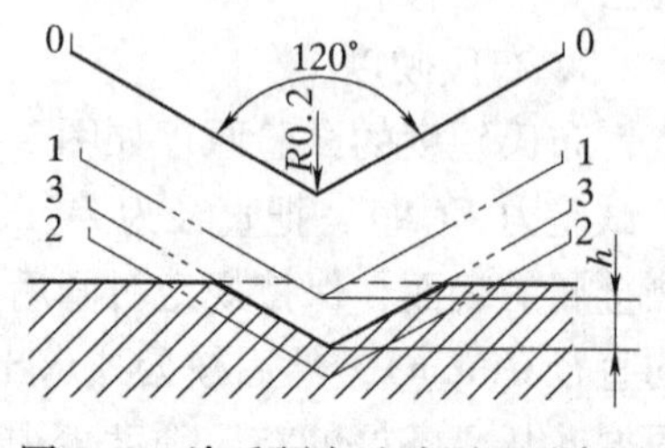

图3-3 洛氏硬度试验原理示意图

为了能用一种硬度计测定从软到硬的材料硬度，采用了不同的压头和总负荷组成几种不同的洛氏硬度标度，每一个标度用一个字母在洛氏硬度符号HR后加以注明。我国常用的是HRA、HRB、HRC三种，试验条件及应用范围见表3-2。洛氏硬度值标注方法为硬度符号前面注明硬度数值，例如52HRC、70HRA等。

表 3-2　常用的三种洛氏硬度的试验条件及应用范围

硬度符号	压头类型	总实验力 F/kN	硬度值有效范围	应用举例
HRA	120°金刚石圆锥体	0.5884	70～85 HRA	硬质合金，表面淬硬层，渗碳层
HRB	ϕ1.588mm 钢球	0.9807	20～100 HRB	非铁金属，退火、正火钢等
HRC	120°金刚石圆锥体	1.4711	20～67 HRC	淬火钢，调质钢等

洛氏硬度 HRC 可以用于硬度很高的材料，操作简便迅速，而且压痕很小，几乎不损伤工件表面，故在钢件热处理质量检查中应用最多。但由于压痕小；硬度值代表性就差些。如果材料有偏析或组织不均匀的情况，则所测硬度值的重复性较低，故需在试样不同部位测定三点，取其算术平均值。

3. 维氏硬度和显微硬度

维氏硬度试验原理与布氏硬度试验原理相似，同样是根据压痕单位面积所承受的载荷来计算硬度值。区别是维氏硬度采用两相对面夹角为 136°的金刚石四棱锥体为压头，压痕为四方锥形，如图 3-4 所示。维氏硬度用 HV 表示。其硬度值的表示方法是，在符号 HV 前的数字是硬度值，符号后面依次是试验力、试验力保持时间（10～15s 不标注）。例如，640HV30/20 表示在试验力 294.3N（30kgf）作用下，持续 20s 测得的维氏硬度为 640。

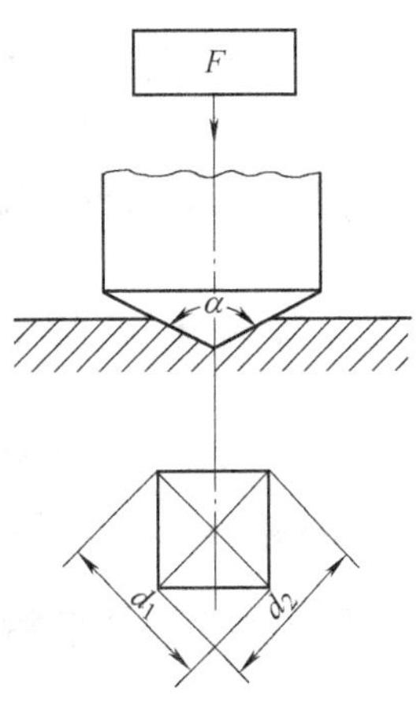

图 3-4　维氏硬度试验原理示意图

维氏硬度的测量范围较宽，适合各种软、硬不同的材料，特别是薄工件或薄表面硬化层的硬度测试。缺点是其硬度值要测量对角线后才能计算（或查表）得出，生产效率较低。

显微硬度试验实际上是小载荷维氏硬度试验，是试验载荷在 1000g 以下，压痕对角线长度以 μm 计时得到的硬度值，同样用符号 HV 表示，用于材料微区（如材料某种组成相、夹杂物等）的硬度测定。

3.2.2　冲击韧度

机械零部件在服役过程中不仅受到静载荷或变动载荷作用，而且受到不同程度的冲击载荷作用，如锻锤、冲床、铆钉枪等。在设计和制造受冲击载荷的零件和工具时，必须考虑所用材料的冲击吸收功或冲击韧度，即材料的韧性大小。

目前最常用的冲击试验方法是摆锤式一次冲击试验，其试验原理如图 3-5 所示。

将待测定的材料先加工成标准试样，然后放在试验机的机架上，试样缺口背向摆锤冲击方向（图 3-5），将具有一定重力 F 的摆锤举至一定高度 H_1；使其具有势能（FH_1），然后摆锤落下冲击试样；试样断裂后摆锤上摆到 H_2 高度，在忽略摩擦和阻尼等条件下，摆锤冲断试样所做的功，称为冲击吸收功，以 A_K 表示。则有 $A_K = FH_1 - FH_2 = F(H_1 - H_2)$，用试样的断口处截面积 S_N 去除 A_K 即得到冲击韧度，用 a_K 表示，单位为 J/cm²，即

$$a_K = \frac{A_K}{S_N}$$

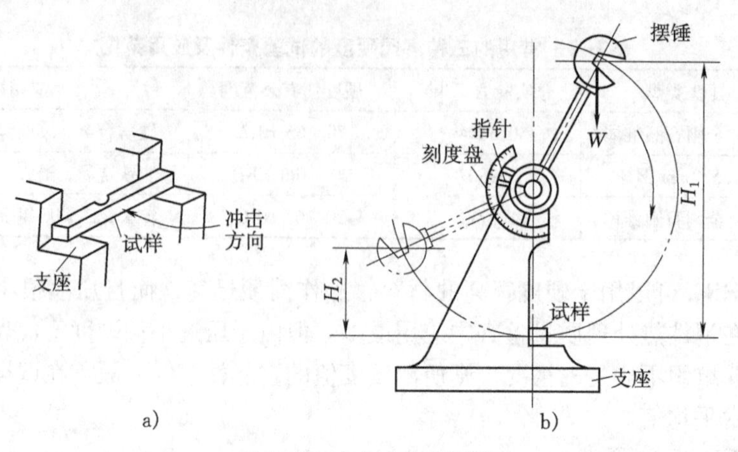

图 3-5 冲击试验原理图

对一般常用钢材来说，所测冲击吸收功 A_K 越大，材料的韧性越好。实验还表明，冲击韧度值 a_K 随温度的降低而减小，在某一温度范围时，材料的 a_K 值急剧下降。材料由韧性状态向脆性状态转变的温度称为韧脆转变温度。

3.3 金属的结晶特点与铁碳相图

金属材料具有什么样的性能是由其内部的晶体结构决定的。这种固态晶体结构的形成与材料从液体转变为固态晶体的过程有密切关联，这个过程称为结晶。

3.3.1 金属的结晶特点

晶体物质都有一个平衡结晶温度（熔点），液体低于这一温度时才能结晶，固体高于这一温度时便发生熔化。在平衡结晶温度，液体与晶体同时共存，处于平衡状态。纯金属的实际结晶过程可用冷却曲线来描述。冷却曲线是温度随时间而变化的曲线。从图 3-6 看出，液态金属随时间延续冷却到某一温度时，在曲线上出现一个平台，这个平台所对应的温度就是纯金属的实际结晶温度。因为结晶时放出结晶潜热，补偿了此时向环境散发的热量，使温度保持恒定，结晶完成后，温度继续下降。实验表明，纯金属的实际结晶温度 T_1 总是低于平衡结晶温度 T_0，这种现象叫做过冷现象。实际结晶温度 T_1 与平衡结晶温度 T_0 的差值 ΔT 称为过冷度。过冷是金属结晶的必要条件，液体冷却速度越大，ΔT 越大。从理论上说，当冷却速度无限小（平衡条件）时，ΔT 趋于 0，即实际结晶温度与平衡结晶温度趋于一致。

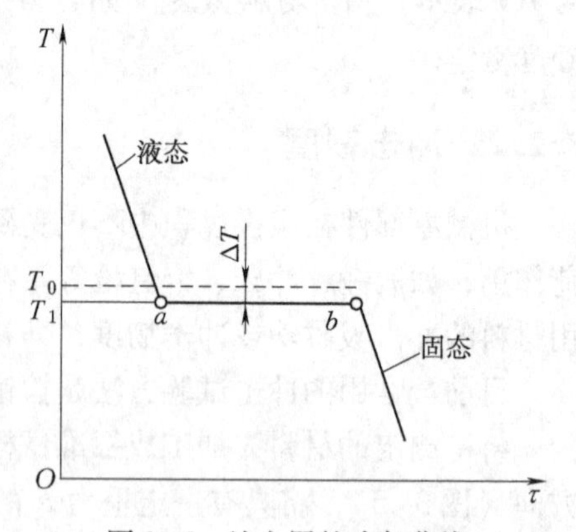

图 3-6 纯金属的冷却曲线

实验证明，结晶是晶体在液体中从无到有（晶核形成），由小变大（晶核长大）的过程。在从高温冷却到结晶温度的过程中，液体内部在一些微小体积中原子由不规则排列向晶体结构的规则排列逐渐过渡，即随时都在不断产生许多类似晶体中原子排列的小集团，其特点是尺寸较小、极不稳定、时聚时散；温度越低，尺寸越大，存在的时间越长。这种不稳定的原子排列小集团，是结晶中产生晶核的基础。当液体被过冷到结晶温度以下时，某些尺寸较大的原子小集团变得稳定，能够自发地成长，即成为结晶的晶核。这种只依靠液体本身在一定过冷度条件下形成晶核的过程叫做自发形核。在实际生产中，金属液体内常存在各种固态的杂质微粒。金属结晶时，依附于这些杂质的表面形成晶核比较容易。这种依附于杂质表面形成晶核的过程称为非自发形核。非自发形核在生产中所起的作用更为重要。

对于每一个单独的晶粒而言，其结晶过程在时间上划分必是先形核后长大两个阶段，但对整体而言，形核与长大在整个结晶期间是同时进行的，直至每个晶核长大到互相接触形成晶粒为止。图 3-7 示意反映了金属结晶的整个过程。

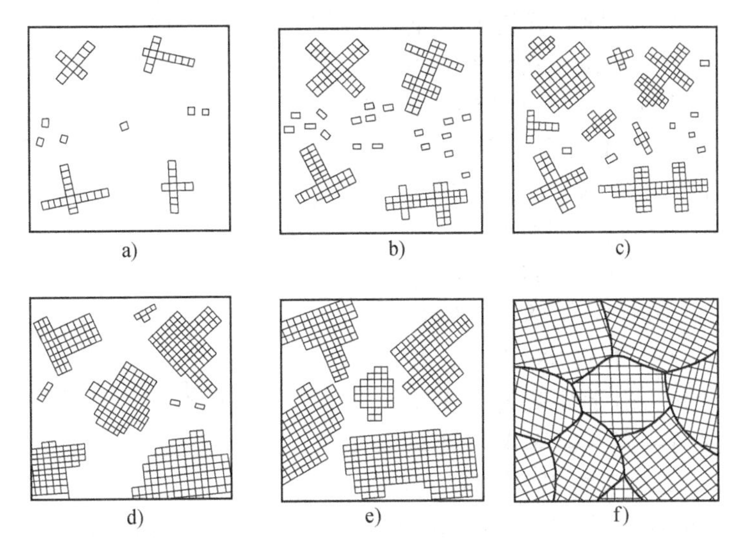

图 3-7　金属的结晶过程

金属结晶后，获得由许多晶粒组成的多晶体组织。晶粒的大小对金属的力学性能、物理性能和化学性能均有很大影响。细晶粒组织的金属不仅强度高，而且塑性和韧性也好。这是因为晶粒越细，一定体积中的晶粒数目越多，在同样的变形条件下，变形量被分散到更多的晶粒内进行，各晶粒的变形比较均匀而不致产生过分的应力集中现象；此外，晶粒越细，晶界就越多，越曲折，越不利于裂纹的传播，从而使其在断裂前能承受较大的塑性变形，表现出较高的塑性和韧性。所以，在生产实践中，通常采用适当方法（如增大过冷度等）获得细小晶粒来提高金属材料的强度，这种强化金属材料的方法称为细晶强化。

3.3.2　铁碳合金相图

在目前使用的工程材料中，合金占有十分重要的位置。合金的结晶过程与内部组织远比纯金属复杂。同是一个合金系，合金的组织随化学成分的不同而变化；同一成分的合金，其组织则随温度不同而变化。为了全面了解合金的组织随成分、温度变化的规律，对合金系中不同成分的合金进行实验，测定冷却曲线，观察分析其在缓慢加热、冷却过程中内部组织的变化，然后组合绘制成图。这种表示在平衡条件下合金的成分、温度与其相和组织状态之间关系的图形，称为合金相图（又称为合金状态图或合金平衡图）。

钢铁材料是工业生产和日常生活中应用最广泛的金属材料，钢铁材料的主要组元是铁和碳，故称铁碳合金。铁碳相图是研究在平衡状态下铁碳合金成分、组织和性能之间的关系及其变化规律的重要工具。实用的铁碳相图，实际上是 Fe 和 Fe_3C 二个基本组元组成的 $Fe-Fe_3C$ 相图。掌握铁碳相图，对于制定钢铁材料的加工工艺具有重要的指导意义。

1. 铁碳合金的基本组元与基本相

（1）纯铁的同素异构转变　大多数金属在结晶后晶格类型不再发生变化，但少数金属，如铁、钛、钴等在结晶后晶格类型会随温度的变化而发生变化。这种同一种元素在不同条件下具有不同的晶体结构，当温度等外界条件变化时，晶格类型发生转变的现象称为同素异构转变。同素异构转变是一种固态转变。图 3-8 是纯铁在常压下的冷却曲线。由图可见，纯铁的熔点为 1538℃，在 1394℃和 912℃分别出现平台。经分析，纯铁结晶后具有体心立方结构，称为 δ-Fe。当温度下降到 1394℃时，体心立方的 δ-Fe 转变为面心立方结构，称为 γ-Fe。在 912℃时，γ-Fe 又转变为体心立方结构，称为 α-Fe。再继续冷却时，晶格类型不再发生变化。由于纯铁具有这种同素异构转变，因而才有可能对钢和铸铁进行各种热处理，以改变其组织和性能。

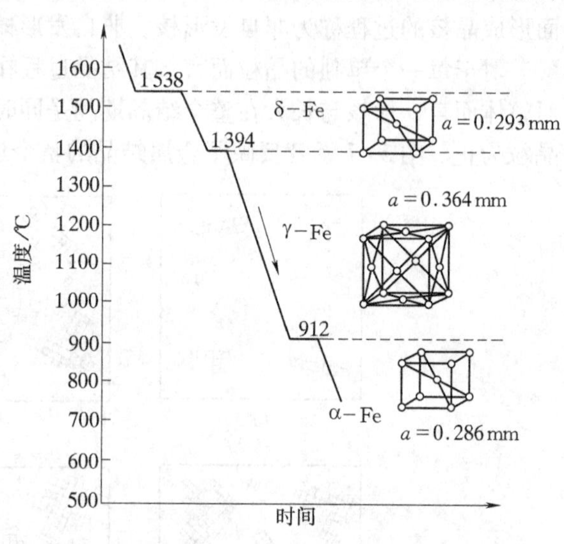

图 3-8　纯铁的冷却曲线及晶体结构变化

（2）铁碳合金的基本相及其性能　在液态下，铁和碳可以互溶成均匀的液体。在固态下，碳可有限地溶于铁的各种同素异构体中，形成间隙固溶体。当碳含量超过在相应温度固相的溶解度时，则会析出具有复杂晶体结构的间隙化合物——渗碳体。现将它们的相结构及性能介绍如下：

1）液相。铁碳合金在熔化温度以上形成的均匀液体称为液相，常以符号 L 表示。

2）铁素体。碳溶于 α-Fe 中形成的间隙固溶体称为铁素体，通常以符号 F 表示。碳在 α-Fe 中的溶解度很低，在 727℃时溶解度最大，为 0.0218%，在室温时几乎为零（0.0008%）。铁素体的力学性能几乎与纯铁相同，其强度和硬度很低，但具有良好的塑性和韧性。其力学性能大约为：R_m = 180 ~ 280MPa；A = 30% ~ 50%；a_K = 160 ~ 200J/cm²；50 ~ 80HBW。工业纯铁（w_C < 0.02%）在室温时的组织即由铁素体晶粒组成，如图 3-9 所示。

图 3-9　铁素体显微组织

3）奥氏体。碳溶于 γ-Fe 中形成的间隙固溶体称为奥氏体，通常以符号 A 表示。碳在 γ-Fe 中的溶解度也很有限，但比在 α-Fe 中的溶解度大得多，在 1148℃时，碳在 γ-Fe 中的溶解度最大，可达 2.11%。随着温度的降低，溶解度也逐渐下降，在727℃时，奥氏体中碳的质量分数为0.77%。奥氏体的硬度不高，易于塑性变形。

4）渗碳体。渗碳体是一种具有复杂晶体结构的间隙化合物。它的分子式为Fe_3C，渗碳体中碳的质量分数为6.69%。在$Fe-Fe_3C$相图中，渗碳体既是组元，又是基本相。渗碳体的硬度很高，约800HBW，而塑性和韧性几乎等于零，是一个硬而脆的相。渗碳体是铁碳合金中主要的强化相，它的形状、大小与分布对钢的性能有很大影响。

2. $Fe-Fe_3C$相图分析

$Fe-Fe_3C$相图如图3-10所示。图中左上角部分实际应用较少，为了便于研究和分析，将此部分作以简化。简化的$Fe-Fe_3C$相图如图3-11所示。简化的$Fe-Fe_3C$相图可视为由两个简单相图组合而成。图中的右上半部分为共晶转变（在一定条件下，一种液相同时结晶出两种固相的转变）类型的相图，左下半部分为共析转变（在一定条件下，一种固相同时析出两种固相的转变）类型的相图。

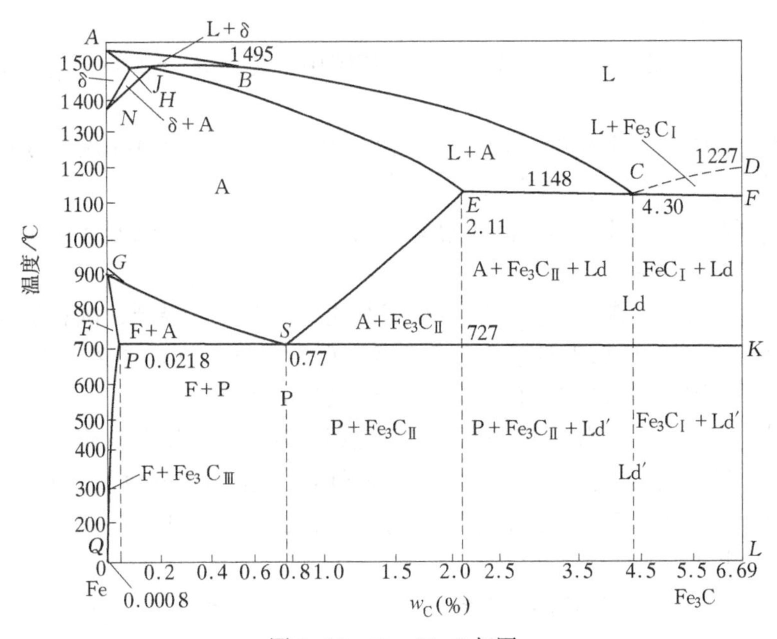

图3-10　$Fe-Fe_3C$相图

（1）主要特性点

1）A点和D点：A点是铁的熔点（1538℃）；D点是渗碳体的熔点（1227℃）。

2）G点：G点是铁的同素异构转变点，温度为912℃。铁在该点发生面心立方晶格与体心立方晶格的相互转变。

3）E点和P点：E点是碳在$\gamma-Fe$中的最大溶解度点，$w_C=2.11\%$，温度为1148℃；P点是碳在$\alpha-Fe$中的最大溶解度点，$w_C=0.0218\%$，温度为727℃。

4）Q点：Q点是室温下碳在$\alpha-Fe$中的

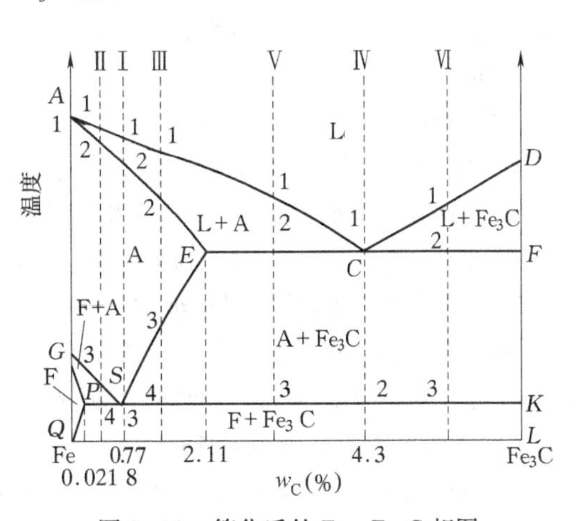

图3-11　简化后的$Fe-Fe_3C$相图

溶解度，$w_C=0.0008\%$。

5）C 点：C 点为共晶点，液相在 1148℃同时结晶出奥氏体和渗碳体。此转变称为共晶转变。共晶转变的表达式为

$$L \leftrightarrows A + Fe_3C$$

共晶转变的产物称莱氏体，它是奥氏体和渗碳体组成的机械混合物，用符号 Ld 表示。

6）S 点：S 点为共析点，奥氏体在 727℃同时析出铁素体和渗碳体。此转变称为共析转变。共析转变的表达式为

$$A \leftrightarrows F + Fe_3C$$

共析转变的产物称珠光体，它是铁素体和渗碳体组成的机械混合物，用符号 P 表示。

（2）主要特性线

1）ACD 线和 $AECF$ 线：ACD 线是液相线，该线以上为完全液相；$AECF$ 线是固相线，该线以下是完全固相。

2）ECF 线：ECF 线是共晶线（1148℃），相图中，凡是 $w_C=2.11\% \sim 6.69\%$ 的铁碳合金都要发生共晶转变。

3）PSK 线：PSK 线是共析线（727℃），相图中，凡是 $w_C=0.0218\% \sim 6.69\%$ 的铁碳合金都要发生共析转变。PSK 线又称为 A_1 线。

4）GS 线：GS 线是冷却时奥氏体开始析出铁素体，或加热时铁素体全部溶入奥氏体的转变温度线。GS 线又称为 A_3 线。

5）ES 线：ES 线是碳在奥氏体中的溶解度曲线。随温度的降低，碳在奥氏体中的溶解度沿 ES 线从 2.11%变化至 0.77%。由于奥氏体中碳的质量分数的减少，将从奥氏体中沿晶界析出渗碳体，称为二次渗碳体（Fe_3C_{II}）。ES 线又称为 A_{cm} 线。

6）PQ 线：PQ 线是碳在铁素体中的溶解度曲线。随温度的降低，碳在铁素体中的溶解度沿 PQ 线从 0.0218%变化至 0.0008%。由于铁素体中碳的质量分数的减少，将从铁素体中沿晶界析出渗碳体，称为三次渗碳体（Fe_3C_{III}）。因其析出量极少，在碳的质量分数较高的钢中可以忽略不计。

由于生成条件的不同，渗碳体可以分为 Fe_3C_I、Fe_3C_{II}、Fe_3C_{III}、共晶 Fe_3C 和共析 Fe_3C 五种。其中 Fe_3C_I 是碳的质量分数大于 4.3%的液相，缓冷到液相线（CD 线）对应温度时所直接结晶出的渗碳体。尽管它们是同一相，但由于形态与分布不同，对铁碳合金的性能有着不同的影响。

（3）相区

1）单相区：简化的 $Fe-Fe_3C$ 相图中有 F、A、L 和 Fe_3C 四个单相区。

2）两相区：简化的 $Fe-Fe_3C$ 相图中有五个两相区，即 L+A 两相区、$L+Fe_3C$ 两相区、$A+Fe_3C$ 两相区、A+F 两相区和 $F+Fe_3C$ 两相区。

3. 典型合金的结晶过程及组织

铁碳合金由于成分的不同，室温下将得到不同的组织。根据铁碳合金的含碳量及组织的不同，可将铁碳合金分为工业纯铁、钢及白口铸铁三类。

1）工业纯铁（$w_C<0.0218\%$）。

2）钢（$0.0218\%<w_C<2.11\%$）。根据室温组织的不同，钢又可分为以下三种：亚共析钢（$0.0218\%<w_C<0.77\%$）；共析钢（$w_C=0.77\%$）；过共析钢（$0.77\%<w_C$

<2.11%)。

3）白口铸铁（2.11% $<w_C<$ 6.69%）。根据室温组织不同，白口铸铁也分为三种：亚共晶白口铸铁（2.11% $<w_C<$ 4.3%）；共晶白口铸铁（$w_C=$ 4.3%）；过共晶白口铸铁（4.3% $<w_C<$ 6.69%）。

为了深入了解铁碳合金组织形成的规律，下面以六种典型铁碳合金为例，分析它们的结晶过程和室温下的平衡组织。六种合金在相图中的位置如图 3-11 所示。

1）共析钢的结晶过程分析。共析钢的冷却过程如图 3-11 中Ⅰ线所示。当合金由液态缓冷到液相线 1 点温度时，从液相中开始结晶出奥氏体。随温度的降低，不断结晶出奥氏体。冷却到 2 点温度时，液相全部结晶为奥氏体。2～3 点温度范围内为单相奥氏体的冷却。冷至 3 点温度（727℃）时，奥氏体发生共析转变，生成珠光体。图 3-12 是冷却过程中共析钢组织转变过程示意图，图 3-13 为共析钢的显微组织。

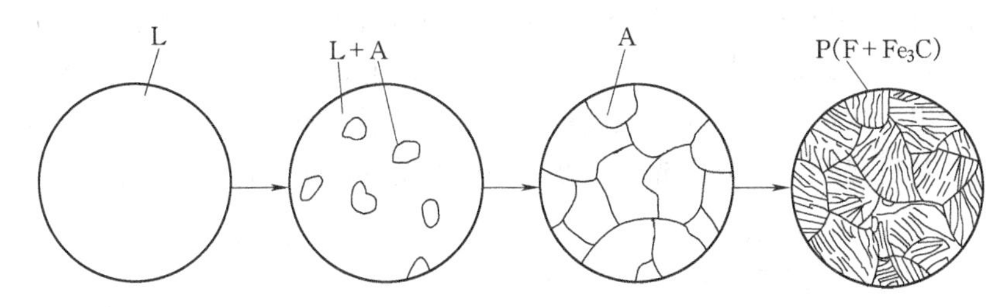

图 3-12　共析钢结晶过程组织转变示意图

2）亚共析钢的结晶过程分析。亚共析钢的冷却过程如图 3-11 中Ⅱ线所示。液态合金结晶过程与共析钢相同，结晶结束得到奥氏体。当合金冷至 *GS* 线上的 3 点温度时，开始从奥氏体中析出铁素体，称为先析出铁素体。冷至 4 点温度（727℃）时，剩余的奥氏体发生共析转变，生成珠光体。图 3-14 为亚共析钢结晶过程组织转变示意图。图 3-15 为亚共析钢的显微组织。

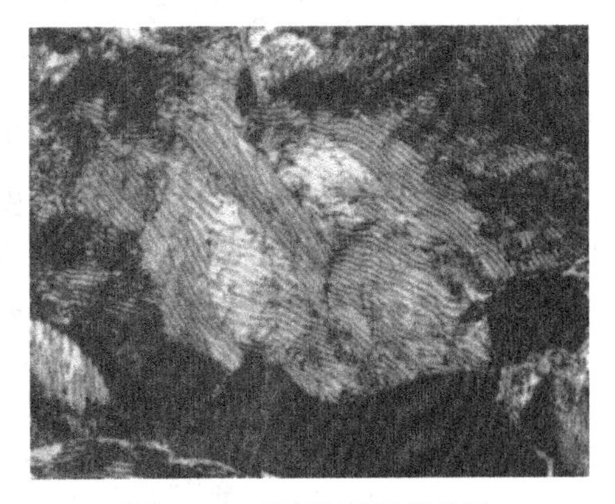

图 3-13　共析钢的显微组织

所有亚共析钢的结晶过程均相似，其室温下的平衡组织都是由铁素体和珠光体组成的。它们的差别是组织中的珠光体量随钢中碳的质量分数的增加而逐渐增加。

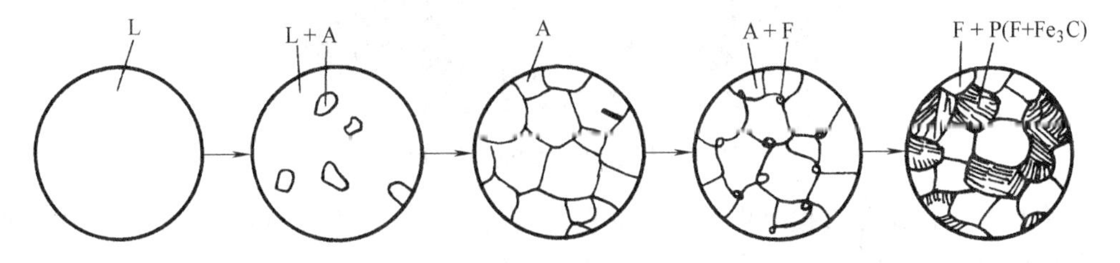

图 3-14　$w_C\leq$0.5% 的亚共析钢结晶过程组织转变示意图

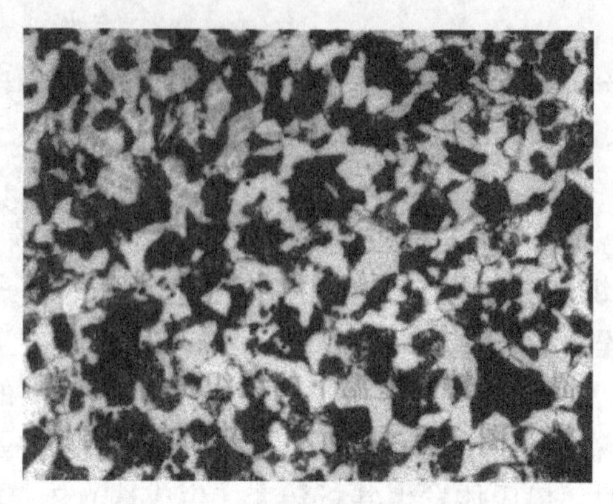

图 3 - 15　亚共析钢的显微组织

3）过共析钢的结晶过程分析。过共析钢的冷却过程如图 3 - 11 中Ⅲ线所示。在 3 点温度以上的结晶过程也与共析钢相同。当合金冷至 *ES* 线上 3 点温度时，奥氏体中的含碳量达到饱和而开始析出二次渗碳体。随着温度的下降，二次渗碳体不断析出。当冷却到 4 点温度时，奥氏体发生共析转变，生成珠光体。图 3 - 16 为过共析钢结晶过程组织转变示意图。

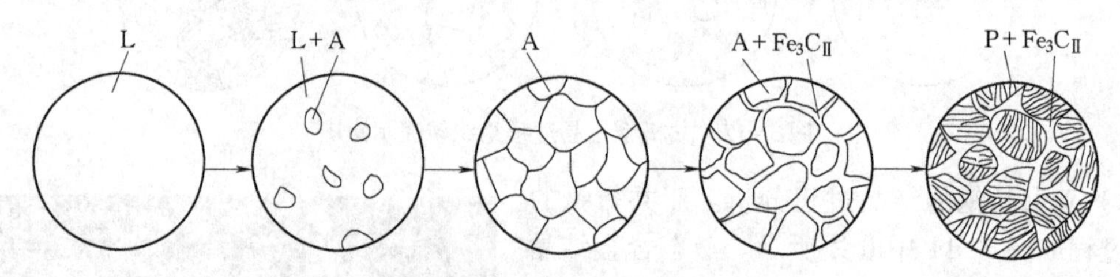

图 3 - 16　过共析钢结晶过程组织转变示意图

过共析钢室温下的平衡组织为二次渗碳体和珠光体，二次渗碳体一般沿奥氏体晶界析出而呈网状分布，如图 3 - 17 所示。网状的二次渗碳体对钢的力学性能会产生不良的影响。

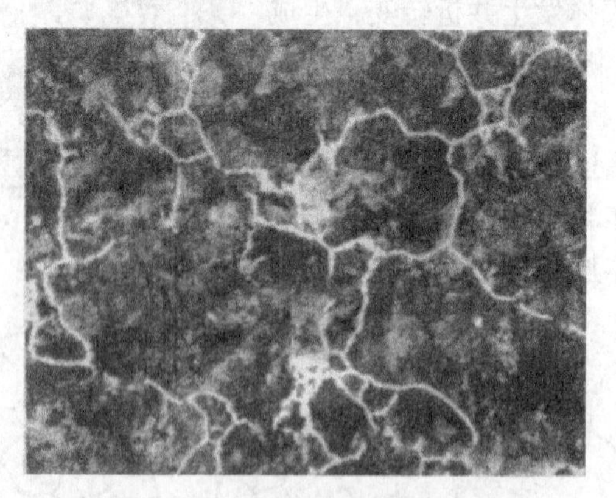

图 3 - 17　过共析钢的显微组织

4）白口铸铁的结晶过程分析。以共晶白口铸铁为例，其冷却过程如图 3 - 11 中Ⅳ线所示。当液态合金冷至 1 点温度（1148℃）时，将发生共晶转变，生成莱氏体。莱氏体由共晶奥氏体和共晶渗碳体组成。由 1 点温度继续冷却，莱氏体中的奥氏体将不断析出二次渗碳体。当温度降到 2 点（727℃）时，奥氏体发生共析转变而生成珠光体。图 3 - 18 为共晶白口铸铁组织转变的示意图。

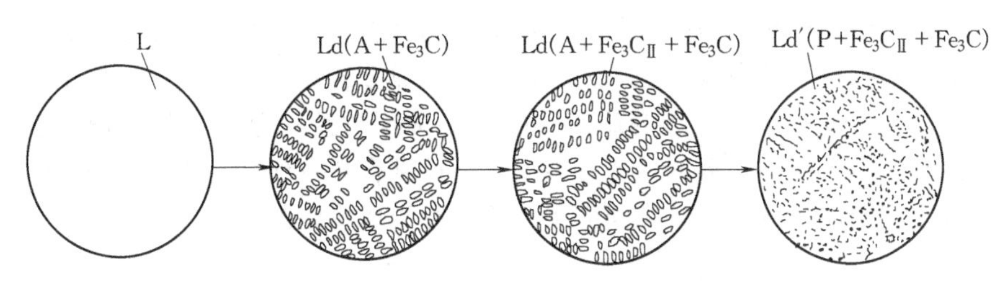

图3-18　共晶白口铸铁结晶过程组织转变示意图

共晶白口铸铁室温下的组织是由珠光体、二次渗碳体和共晶渗碳体组成的，但这两种渗碳体难以分辨。图3-19为共晶白口铸铁的显微组织。这种组织称为低温莱氏体，以符号Ld′表示。低温莱氏体仍保留了共晶转变后的形态特征。

亚共晶白口铸铁的结晶过程如图3-11中Ⅴ线所示。室温下亚共晶白口铸铁的组织由珠光体、二次渗碳体和低温莱氏体构成，如图3-20所示。图中呈树枝状分布的黑色块是由初生奥氏体转变成的珠光体，珠光体周围白色网状物为二次渗碳体，其余部分为低温莱氏体。

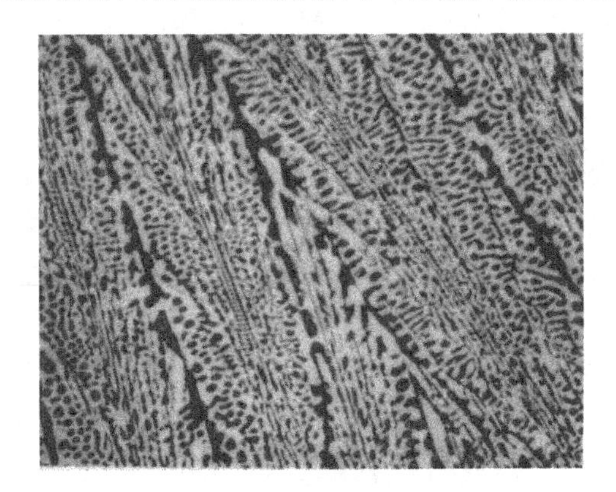

图3-19　共晶白口铸铁的显微组织

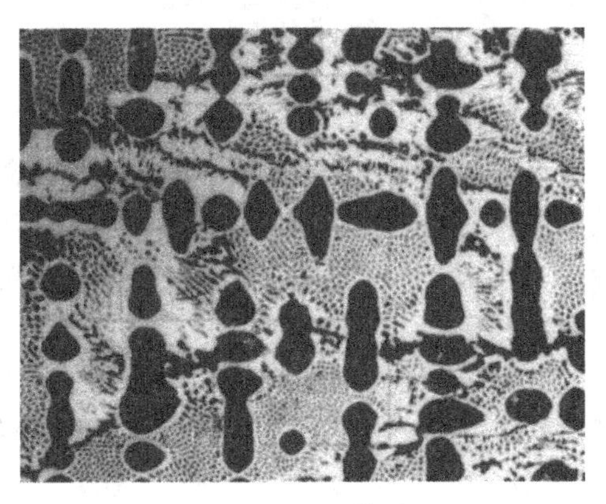

图3-20　亚共晶白口铸铁显微组织

过共晶白口铸铁的冷却过程如图3-11中Ⅵ线所示。过共晶白口铸铁的室温平衡组织为一次渗碳体和低温莱氏体，如图3-21所示。图中白色条片状物为一次渗碳体，其余部分为低温莱氏体。

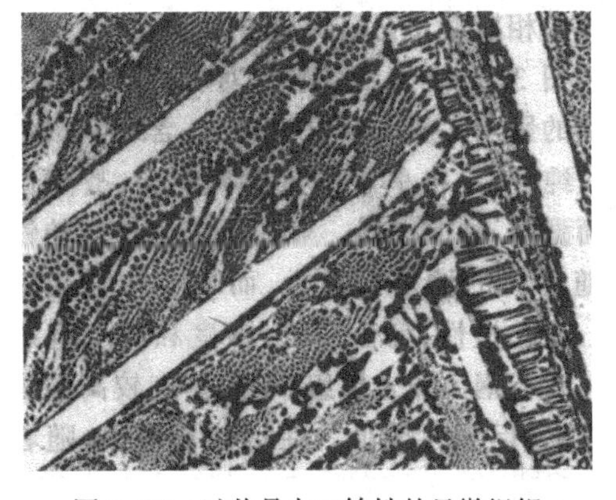

图3-21　过共晶白口铸铁的显微组织

4. 碳的质量分数与铁碳合金组织及性能的关系

铁碳合金室温组织虽然都是由铁素体和渗碳体两相组成，但是碳的质量分数不同时，组织中两个相的相对数量、分布及形态不同，因而不同成分的铁碳合金具有不同的性能。

（1）铁碳合金中碳的质量分数与组织的关系　根据对铁碳合金结晶过程中组织转变的分析，我们已经了解了在不同碳的质量分数情况下铁碳合金的组织构成。图 3-22 表示了室温下铁碳合金中碳的质量分数与平衡组织组成物及相组成物间的定量关系。

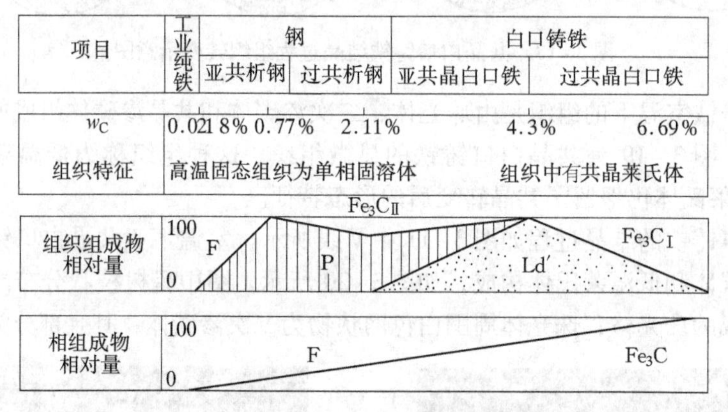

图 3-22　室温下铁碳合金中碳的质量分数与相和组织的关系

从图 3-22 中可以清楚地看出铁碳合金组织变化的基本规律：随碳的质量分数的增加，铁素体相逐渐减少，渗碳体相逐渐增多；组织构成也在发生变化，如亚共析钢中的铁素体量减少，而珠光体量在增多，到共析钢就变为完全的珠光体了。这些必将极大地影响铁碳合金的力学性能。

（2）铁碳合金中碳的质量分数与力学性能的关系　在铁碳合金中，碳的质量分数和存在形式对合金的力学性能有直接的影响。铁碳合金组织中的铁素体是软韧相，渗碳体是硬脆相。因此，铁碳合金的力学性能，决定于铁素体与渗碳体的相对量及它们的相对分布。

图 3-23 表示碳的质量分数对缓冷状态钢力学性能的影响。从图中可以看出，碳的质量分数很低的工业钝铁，是由单相铁素体构成的，故塑性很好而强度、硬度很低。亚共析钢组织中的铁素体随碳的质量分数的增多而减少，而珠光体量相应增加。因此塑性、韧性降低，强度和硬度直线上升。共析钢为珠光体组织，其具有较高的强度和硬度，但塑性较低。在过共析钢中，随着碳的质量分数增加，开始时强度和硬度继续增加，当 w_C =0.9% 时，抗拉强度出现峰值。随后不仅塑性、韧性继续下降，强度也显著降低。这是由于二次渗碳体量逐渐增加形成了连续的网状，从而使钢的脆性增加。硬度则是始终直线上升的。如果能设法控制二次渗碳体的形态，不使其形成网状，则强度不会明显下降。由此可知，强度是一个对组织形态很敏感的性能。

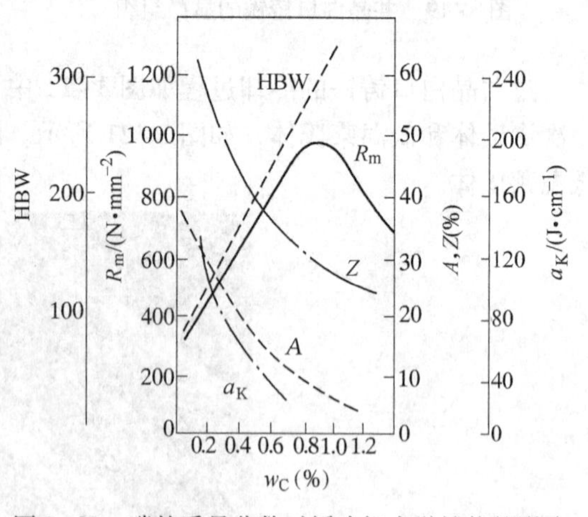

图 3-23　碳的质量分数对缓冷钢力学性能的影响

白口铸铁中都存在莱氏体组织，具有很高的硬度和脆性，既难以切削加工，也不能进行锻造。因此，白口铸铁的应用受到限制。但是由于白口铸铁具有很高的抗磨损能力，对于表面要求高硬度和耐磨的零件，如犁铧、冷轧辊等，常用白口铸铁制造。

必须指出，以上所述是铁碳合金平衡组织的性能。随冷却条件和其他处理条件的不同，铁碳合金的组织、性能会大不相同。这将在后续章节中讨论。

5. 铁碳合金相图的应用

铁碳合金相图对生产实践具有重要意义。除了作为材料选用的参考外，还可作为制定铸造、锻造、焊接及热处理等热加工工艺的重要依据。

（1）在选材方面的应用　铁碳相图总结了铁碳合金组织和性能随成分的变化规律。这样，就可以根据零件的工作条件、失效形式和性能要求，来选择合适的材料。例如，若需要塑性好、韧性高的材料，可选用低碳钢；若需要强度、硬度、塑性等都好的材料，可选用中碳钢；若需要硬度高、耐磨性好的材料可选用高碳钢；若需要耐磨性高，不受冲击的工件用材料，可选用白口铸铁。

（2）在铸造方面的应用　由相图可见，共晶成分的铁碳合金熔点最低，结晶温度范围最小，具有良好的铸造性能。在铸造生产中，经常选用接近共晶成分的铸铁。根据相图中液相线的位置，可确定各种铸钢和铸铁的浇注温度（如图3-24所示），为制定铸造工艺提供依据。与铸铁相比，钢的熔化温度和浇注温度要高得多，其铸造性能较差，易产生收缩，因而钢的铸造工艺比较复杂。

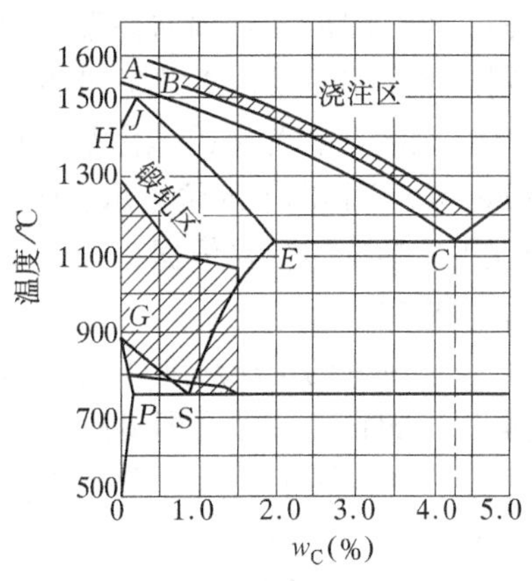

图3-24　铁碳相图与铸锻工艺的关系

（3）在压力加工方面的应用　奥氏体的强度较低，塑性较好，便于塑性变形。因此，钢材的锻造、轧制均选择在单相奥氏体区适当温度范围进行（如图3-24所示）。

（4）在焊接方面的应用　焊接时由焊缝到母材各区域的温度是不同的，由 $Fe-Fe_3C$ 相图可知，受不同加热温度的各区域在随后的冷却中可能会出现不同的组织与性能。这就需要在焊接后采用热处理方法加以改善。

$Fe-Fe_3C$ 相图对制定热处理工艺同样有着特别重要的意义。

3.4　金属材料的热处理

若想获得我们需要的材料性能，就要改变材料的内部组织结构。改变组织结构的办法除了调整化学成分外，还可以通过热处理的办法来实现。

所谓钢的热处理是将钢在固态下以适当的方式进行加热、保温和冷却，以获得所需组织和性能的工艺。热处理是强化金属材料、提高产品质量和寿命的主要途径之一。绝大部分重要的机械零件，在制造过程中都必须进行热处理。

热处理工艺的种类很多，通常根据其加热、冷却方法的不同及钢组织和性能的变化特点分为普通热处理（如退火、正火、淬火及回火）和表面热处理（如表面淬火、化学热处理等）等两大类。

尽管热处理种类繁多，但其基本过程都是由加热、保温和冷却三个阶段组成。图 3-25 为最基本的热处理工艺曲线形式。改变加热温度、保温时间、冷却速度等参数，会在一定程度上发生相应的预期组织转变，从而改变材料的性能。

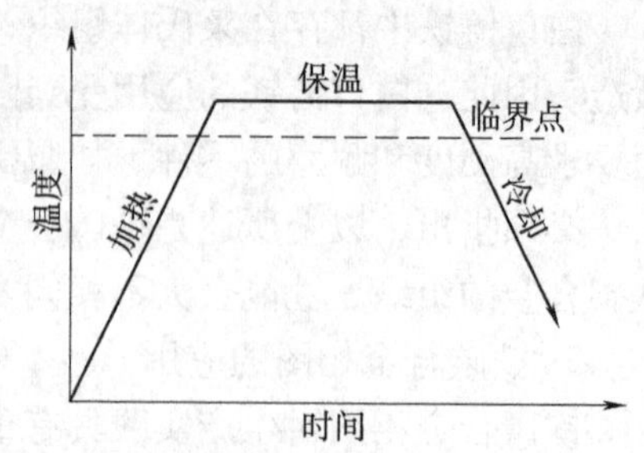

图 3-25 钢的热处理工艺曲线

（1）钢在加热时的转变 加热是热处理的第一道工序。大多数热处理工艺首先要将钢加热到相变点（又称临界点）以上，目的是获得奥氏体。共析钢、亚共析钢和过共析钢分别被加热到 *PSK*（A_1）线、*GS*（A_3）线和 *ES*（A_{cm}）线以上温度才能获得单相奥氏体组织。A_1、A_3 和 A_{cm} 都是平衡相变点。但在实际热处理时，加热和冷却都不可能是非常缓慢的，因此组织转变都要偏离平衡相变点，即加热时偏向高温，冷却时偏向低温。为了区别于平衡相变点，通常将加热时的相变点用 Ac_1、Ac_3 和 Ac_{cm} 表示（称为奥氏体化温度）。图 3-26 为各相变点在 $Fe-Fe_3C$ 相图上的位置示意图。钢的相变点是制定热处理工艺参数的重要依据，各种钢的相变点可在热处理手册中查到。

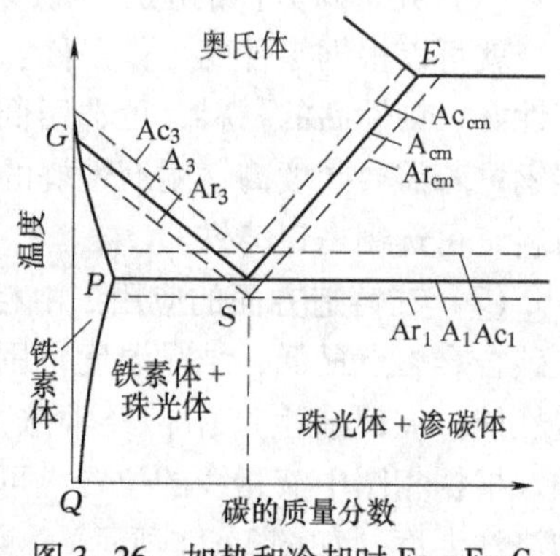

图 3-26 加热和冷却时 $Fe-Fe_3C$ 相图上各相变点的位置

任何成分的钢加热到 A_1 点以上时，都要发生珠光体向奥氏体的转变过程（即奥氏体化）。以共析钢为例，其奥氏体化过程包括奥氏体晶核的形成、奥氏体晶核的长大、剩余渗碳体的溶解、奥氏体的均匀化四个阶段，如图 3-27 所示。

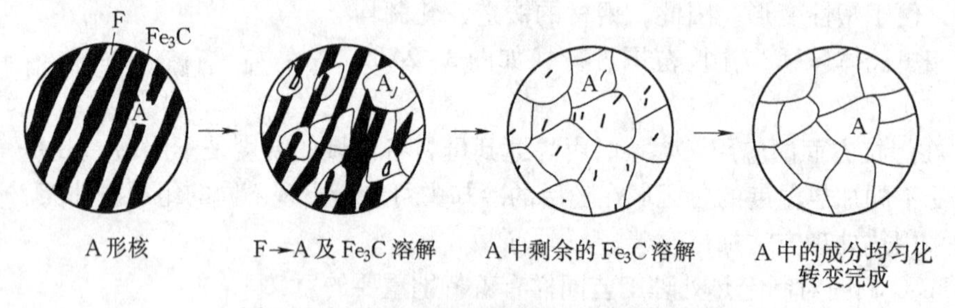

图 3-27 共析钢中奥氏体形成过程示意图

奥氏体晶粒的大小对冷却转变后钢的性能有很大影响。热处理加热时，若获得细小，均匀的奥氏体，则冷却后钢的力学性能就好。因此，奥氏体晶粒的大小是评定热处理加热质量的主要指标之一。

在高温下，奥氏体晶粒长大是一个自发过程。奥氏体化温度越高，保温时间越长，奥氏体晶粒长大越明显。随着钢中奥氏体碳的质量分数的增加，奥氏体晶粒长大的倾向也增大。但当 $w_C > 1.2\%$ 时，奥氏体晶界上存在未溶的渗碳体能阻碍晶粒的长大。钢中加入能生成稳定碳化物的元素（如铌、钛、钒、锆等）和能生成氧化物及氮化物的元素（如铝），都会阻止奥氏体晶粒长大，而锰和磷是增加奥氏体晶粒长大倾向的元素。为了控制奥氏体晶粒长大，应采取以下措施：热处理加热时要合理选择并严格控制加热温度和保温时间，合理选择钢的原始组织及选用含有一定量合金元素的钢材等。

（2）钢在冷却时的转变　钢经加热奥氏体化后，可以通过采用不同的冷却条件，获得需要的组织和性能。由表3-3可以看出，45钢（碳的质量分数为0.45%的碳钢，用途十分广泛）在同样奥氏体化条件下，由于冷却速度不同，其力学性能有明显差别。

表3-3　45钢经840℃加热后，不同条件冷却后的力学性能

冷却方法	R_m/MPa	R_{eH}/MPa	A（%）	Z（%）	HRC
随炉冷却	519	272	32.5	49	15~18
空气冷却	657~706	333	15~18	45~50	18~24
油中冷却	882	608	18~20	48	40~50
水中冷却	1078	706	7~8	12~14	52~60

在热处理生产中，常用的冷却方式有两种，即等温冷却和连续冷却，如图3-28所示。钢在连续冷却或等温冷却条件下，由于冷却速度较快，其组织的转变均不能用$Fe-Fe_3C$平衡相图分析，而是测定了过冷奥氏体等温转变图（又称"C曲线"）和连续冷却转变图，来分析过冷奥氏体在不同冷却条件下组织转变的规律。所谓"过冷奥氏体"是指在相变温度A_1以下，未发生转变而处于不稳定状态的奥氏体。过冷奥氏体总是要自发地转变为稳定的新相，在A_1温度以下不同温度范围内，可发生三种不同类型的转变：高温的珠光体型转变、中温的贝氏体型转变和低温的马氏体型转变。

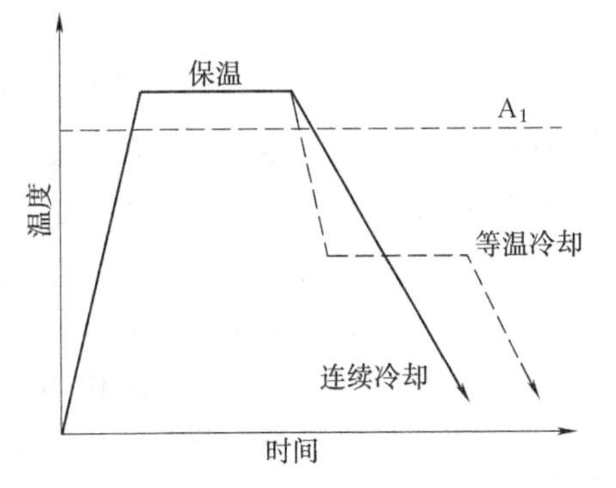

图3-28　两种冷却方式示意图

1）珠光体型转变：珠光体转变发生在A_1~550℃温度范围内。在转变过程中，铁、碳原子都进行扩散，故珠光体转变是扩散型转变，奥氏体等温分解为层片状的珠光体组织。珠光体层间距随过冷度的增大而减小。按其层间距的大小，可分为珠光体、索氏体（细珠光体）和托氏体（极细珠光体）三种。这三种组织没有本质区别，也没有严格的界限，它们的表示符号、形成温度和性能见表3-4，可以看出它们的硬度随层片间距的减小而增高。

表3-4　珠光体型组织的形成温度和硬度

组织名称	表示符号	形成温度/℃	分辨片层的放大倍数	硬度HRC
珠光体	P	A_1~650	放大400以上	<20
索氏体	S	650~600	放大1000倍以上	22~35
托氏体	T	600~550	放大几千倍以上	35~42

2）贝氏体型转变：贝氏体转变发生在550℃~Ms温度范围内。由于贝氏体的转变温度较低，铁原子扩散困难，因此，贝氏体（以符号B表示）的组织形态和性能与珠光体不同。根据组织形态和转变温度不同，贝氏体一般可分为上贝氏体和下贝氏体两种。与上贝氏体比较，下贝氏体不仅强度、硬度较高（约45~55HRC），而且塑性和韧性也较好，具有良好的

综合力学性能。因此，在生产中常用等温淬火来获得下贝氏体组织。下贝氏体是在350℃～*Ms*点温度范围内形成的，其显微组织特征是黑色针叶状，它是由针叶状铁素体和分布在针叶内的细小渗碳体粒子组成的，如图3-29所示。

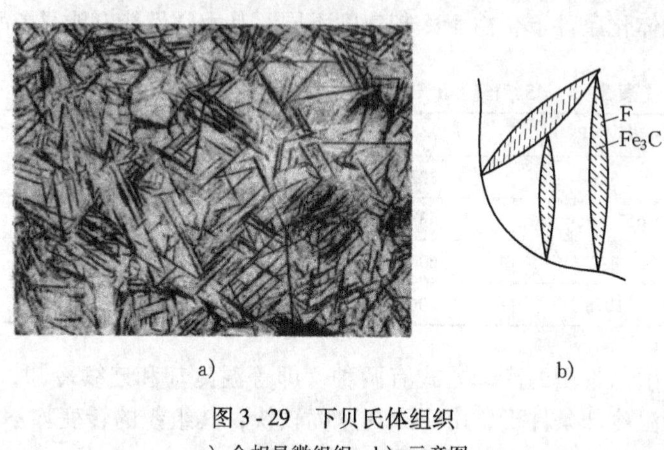

图3-29　下贝氏体组织

a）金相显微组织　b）示意图

3）马氏体转变：当奥氏体被迅速过冷至马氏体点*Ms*以下时则发生马氏体转变。与前两种转变不同，马氏体转变是在一定温度范围内（*Ms*～*Mf*之间）连续冷却时完成的。*Ms*和*Mf*分别是马氏体转变的开始温度和终了温度。由于过冷度很大，奥氏体向马氏体转变时难以进行铁、碳原子的扩散，只发生γ－Fe向α－Fe的晶格改组。固溶在奥氏体中的碳全部保留在α－Fe晶格中，形成碳在α－Fe中的过饱和固溶体，称其为马氏体，以符号M表示。由于过饱和的碳原子被强制固溶在晶格中，致使晶格严重畸变。马氏体含碳量越高，则晶格畸变越严重，且体积增长越多，这将引起淬火工件产生相变内应力，容易导致工件变形和开裂。

马氏体转变速度极快且马氏体量随温度的不断降低而增多，但一般总有一小部分奥氏体未能转变而残留下来，这部分奥氏体称为残存奥氏体。钢中残存奥氏体量随*Ms*点的降低而增加。残存奥氏体的存在，不仅降低淬火钢的硬度和耐磨性，而且在工件长期使用过程中，由于残存奥氏体会继续变成马氏体，使工件尺寸发生变化。因此，生产中对一些高精度工件常采用冷处理的方法，将淬火钢件冷却至低于0℃的某一温度，以减少残存奥氏体量。

由于奥氏体中碳的质量分数的不同，马氏体的形态有板条状和片状两种。碳的质量分数较低的钢淬火时几乎全部得到板条状马氏体组织，而碳的质量分数高的钢得到片状马氏体组织，碳的质量分数介于中间的钢则是两种马氏体的混合组织。图3-30和图3-31是两种马氏体的显微组织。马氏体的硬度主要决定于碳的质量分数。板条状马氏体不仅具有较高的强度和硬度，而且还具有较好的塑性和韧性。片状马氏体的硬度很高，但塑性和韧性很差。

（3）钢的普通热处理　钢的最基本的热处理工艺有退火、正火、淬火和回火等。

1）钢的退火。退火是将钢加热到适当温度，保温一定时间，然后缓慢冷却的热处理工艺。退火主要用于铸、锻、焊毛坯或半成品零件，为预备热处理。退火后获得珠光体型组织。退火的主要目的是：软化钢材以利于切削加工；消除内应力以防止工件变形；细化晶粒，改善组织，为零件的最终热处理做好准备。

根据钢的成分和退火目的不同，常用的退火方法有完全退火、等温退火、球化退化、均

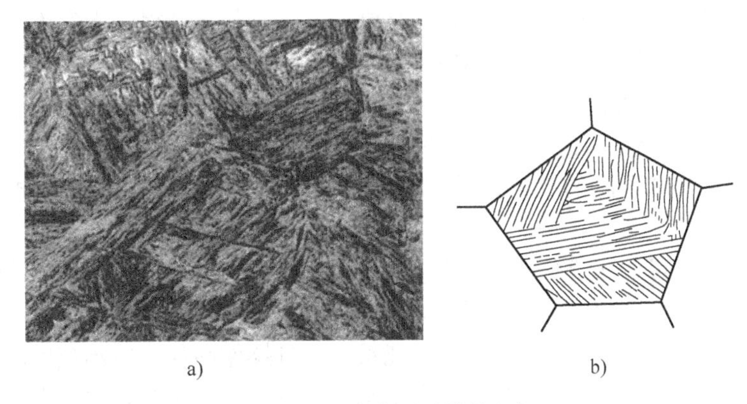

a) b)

图 3-30 板条状马氏体的组织

a）金相显微组织 b）示意图

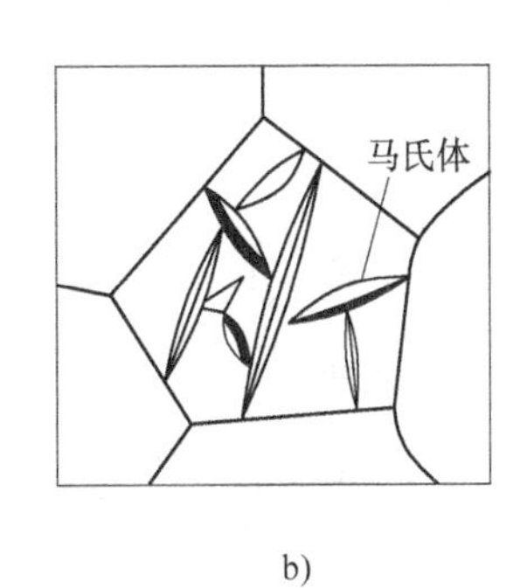

a) b)

图 3-31 片状马氏体的组织

a）金相显微组织 b）示意图

匀化退火、去应力退火和再结晶退火等。

① 完全退火与等温退火：完全退火是把钢加热到 Ac_3 以上 30～50℃，保温一定时间，随炉冷至600℃以下，出炉空冷。完全退火可获得接近平衡状态的组织，主要用于亚共析钢的铸、锻件，有时也用于焊接结构。完全退火目的在于细化晶粒，消除过热组织，降低硬度和改善切削加工性能。过共析钢不宜采用完全退火，以避免二次渗碳体以网状形式沿奥氏体晶界析出，给切削加工和以后的热处理带来不利影响。

完全退火很费工时，生产中常采用等温退火来代替。等温退火与完全退火加热温度完全相同，只是冷却方式有差别。等温退火是以较快速度冷却到 A_1 以下某一温度，等温一定时间使奥氏体转变为珠光体组织，然后空冷。对某些奥氏体比较稳定的合金钢，采用等温退火可大大缩短退火周期。

② 球化退火：球化退火是将钢加热到 Ac_1 以上 20～40℃，充分保温后，随炉冷却到600℃以下出炉空冷。球化退火主要用于过共析钢。其目的是使钢中的渗碳体球状化，以降低钢的硬度，改善切削加工性，并为以后的热处理工序做好组织准备。若钢的原始组织中有严重的渗碳体网，则在球化退火前应进行正火消除，以保证球化退火效果。

③ 去应力退火：去应力退火又称低温退火，是将钢加热到 Ac_1 以下某一温度（一般约

为500~600℃），保温一定时间，然后随炉冷却。去应力退火过程中不发生组织的转变，目的是为了消除铸、锻、焊件和冲压件的残余应力。

2）钢的正火。将钢加热到Ac_3（或Ac_{cm}）以上30~50℃，保温适当时间，出炉后在空气中冷却的热处理工艺称正火。正火主要有以下几方面的应用：

① 对力学性能要求不高的结构、零件，可用正火作为最终热处理，以提高其强度、硬度和韧性。

② 对低、中碳钢可用正火作为预备热处理，以调整硬度，改善切削加工性。

③ 对过共析钢，正火可抑制渗碳体网的形成，为球化退火做好组织准备。

与退火相比，正火的生产周期短，节约能量，而且操作简便，冷却速度较快，得到的组织比较细小，强度和硬度也稍高一些。生产中常优先采用正火工艺。常用退火和正火的加热温度范围及工艺曲线如图3-32所示。

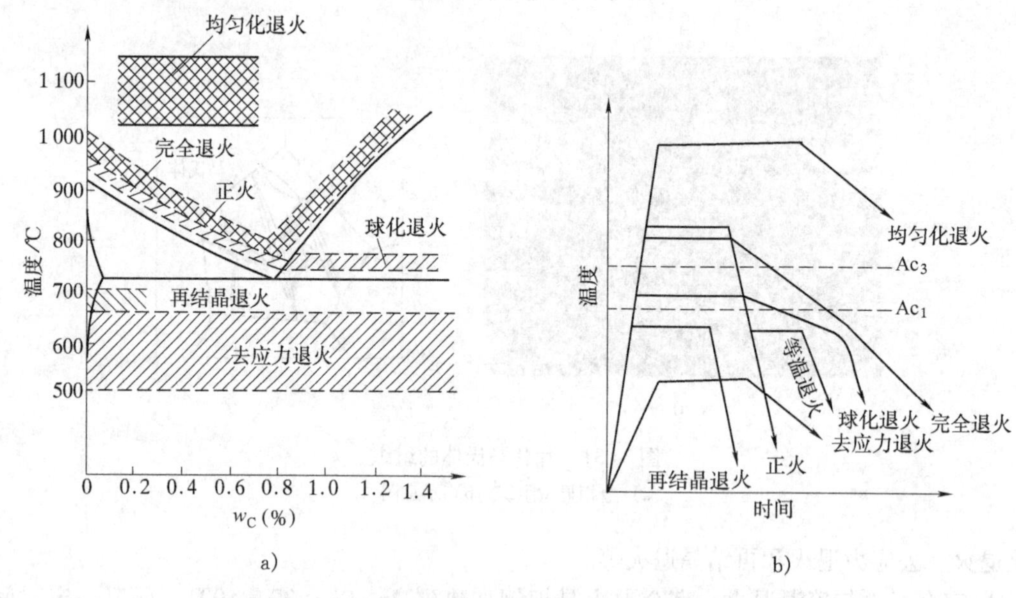

图3-32 碳钢的各种退火、正火加热温度范围及工艺曲线

a）加热温度规范 b）工艺曲线

3）钢的淬火。将钢加热到Ac_3或Ac_1以上，保温一定时间，冷却后获得马氏体和（或）贝氏体组织的热处理工艺称为淬火。淬火是钢的最经济，最有效的强化手段之一。

① 淬火加热温度。钢的淬火加热温度主要根据其相变点来确定。图3-33为碳钢的淬火加热温度范围。

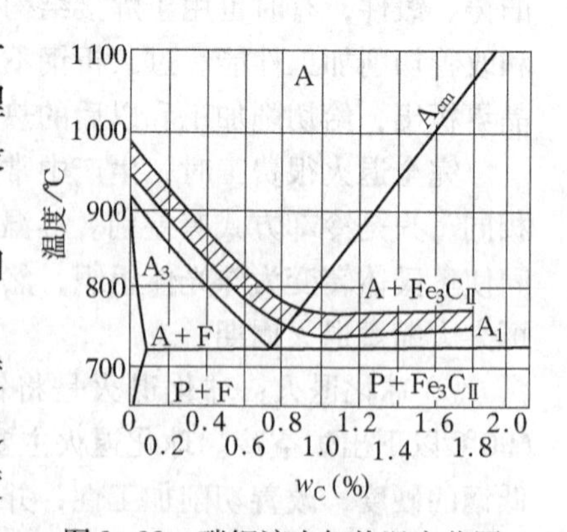

图3-33 碳钢淬火加热温度范围

亚共析钢一般采用完全奥氏体化淬火，淬火加热温度为Ac_3+（30~50℃）。如果加热温度选择在Ac_1~Ac_3之间，则在淬火组织中将有先析出铁素体存在，使钢的强度降低。

共析钢和过共析钢的淬火加热温度为Ac_1+（30~

50℃）。过共析钢加热温度选择在 $Ac_1 \sim Ac_{cm}$之间，是为了淬火冷却后获得细小片状马氏体和细小球状渗碳体的混合组织，以提高钢的耐磨性。如果加热到 Ac_{cm}以上进行完全奥氏体化淬火，奥氏体晶粒粗化，淬火后的马氏体粗大，使钢的脆性增加。此外，由于渗碳体过多的溶解，使马氏体中碳的过饱和度过大，增大了淬火应力和变形与开裂的倾向，同时使钢中的残存奥氏体量增多，降低了钢的硬度和耐磨性。

应当指出，确定具体零件热处理温度时，须全面考虑各种因素（如工件形状、尺寸等）的影响。对于高合金钢加热温度的选择，还应考虑合金碳化物的溶解和合金元素均匀化等问题。淬火加热与保温时间的确定，须综合考虑钢的成分、原始组织、工件形状和尺寸、加热介质、装炉量等因素的影响，生产中常用有关经验公式估算。

② 常用淬火冷却方法。理想的冷却应是既保证工件淬火后得到马氏体（一般需要较快的冷速），又要保证淬火质量，减小淬火应力和变形与开裂的倾向（冷速慢些有利），这样采用适宜的淬火介质和适当的淬火方法就很重要。常用的冷却介质有水、盐或碱的水溶液和油等。常用的淬火方法有以下几种：

ⅰ单液淬火：将加热至淬火温度的工件，投入单一一种淬火冷却介质中连续冷却至室温。例如，碳钢在水中淬火、合金钢在油中淬火等。单液淬火操作简便，易于实现机械化和自动化。但也有不足之处，即易产生淬火缺陷。水中淬火易产生变形和裂纹，油中淬火易产生硬度不足或硬度不均匀等现象。

ⅱ双介质淬火：将加热的工件先投入一种冷却能力强的介质中冷却，然后在 *Ms* 点区域转入冷却能力小的另一种介质中冷却。例如，形状复杂的非合金钢工件采用水淬油冷法，合金钢工件采用油淬空冷法等。双介质淬火可使低温转变时的内应力减小，从而有效防止工件的变形与开裂。

ⅲ马氏体分级淬火：将加热的工件先放入温度为 *Ms* 点附近（150～260℃）的盐浴或碱浴中，稍加停留（约2～5min），等工件整体温度趋于均匀时，再取出空冷以获得马氏体。分级淬火可更为有效地避免变形和裂纹的产生，而且比双介质淬火易于操作，一般适用于形状较复杂、尺寸较小的工件。

ⅳ贝氏体等温淬火：在稍高于 *Ms* 点温度的盐浴或碱浴中，保温足够的时间，使其发生下贝氏体转变后出炉空冷。等温淬火的内应力很小，工件不易变形与开裂，而且具有良好的综合力学性能。等温淬火常用于处理形状复杂，尺寸要求精确，并且硬度和韧性都要求较高的工件，如各种冷、热冲模，成型刃具和弹簧等。

ⅴ局部淬火：有些工件按其工件条件只是局部要求高硬度，则可进行局部加热淬火，以避免工件其他部分产生变形与裂纹。

③ 钢的淬透性。钢的淬透性是钢在淬火冷却时，获得马氏体组织深度的能力，是钢的一种重要的热处理工艺性能，其高低以钢在规定的标准淬火条件下能够获得的有效淬硬深度来表示。用不同钢种制造的相同形状和尺寸的工件，在同样条件下淬火，有效淬硬深度深的钢淬透性好。钢的淬透性是机械设计制造过程中，合理选材和正确制定热处理工艺的重要依据。

钢的化学成分等是影响淬透性的主要因素。碳的质量分数为0.77%的共析钢在碳钢中淬透性最好，能溶入奥氏体的绝大多数合金元素都有利于提高淬透性。

淬透性对钢件热处理后的力学性能影响很大，如图3-34所示。若整个工件淬透，经高温回火后，其力学性能沿截面是均匀一致的；若工件未淬透，高温回火后，虽然截面上硬度基本一致，但未淬透部分的屈服强度和冲击韧度却显著降低。机械制造中许多在重载荷、动载荷下工作的重要零件以及承受拉压应力的重要零件，常要求工件表面和心部的力学性能一致，此时应选用能全部淬透的钢；而对于应力主要集中在工件表面，心部应力不大（如承受弯曲应力）的零件，则可考虑选用淬透性低的钢。焊接件一般不选用淬透性高的钢，否则易在焊缝及热影响区出现淬火组织，造成焊件变形和开裂。

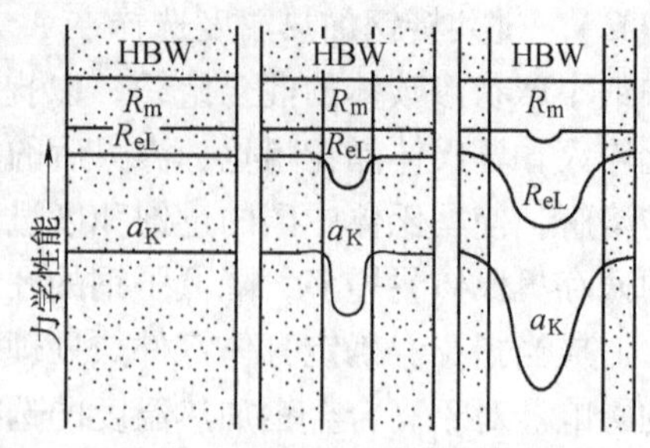

图 3-34 淬硬层深度和的力学性能的关系（阴影部分表示淬透层）

4）钢的回火。回火是将淬火钢加热到 Ac_1 以下某一温度，保温一定时间，然后冷却至室温的热处理工艺。回火是淬火的后续工序。回火的主要目的是：减少或消除淬火应力；防止工件变形与开裂；稳定工件尺寸及获得工件所需的组织和性能。

淬火后钢的组织是不稳定的，具有向稳定组织转变的自发倾向。加热回火加速了这个自发转变的过程。淬火钢在回火时，随着温度的升高，淬火马氏体和残存奥氏体依次分解，如马氏体中过饱和碳原子以碳化物形式析出，甚至在较高温度时形成块状铁素体和球状渗碳体的混合组织。由于回火温度不同，发生的转变及程度不同，组织依次为回火马氏体、回火托氏体和回火索氏体，这些都是多相混合组织。

由于回火温度从低到高组织转变不同，性能也随之发生变化，如淬火内应力下降，韧性逐步改善，硬度不断降低等，不同回火温度可以满足不同的性能要求。

实际生产中，根据钢件的性能要求，按钢淬火后的回火温度范围，可以分为以下三类：

① 低温回火（150~250℃）。回火后的组织是回火马氏体。它基本保持马氏体的高硬度和耐磨性，钢的内应力和脆性有所降低。低温回火主要用于各种工具、滚动轴承、渗碳件和表面淬火件。

② 中温回火（350~500℃）。回火后的主要组织为回火托氏体，具有较高的弹性极限和屈服强度，具有一定的韧性和硬度。中温回火主要用于各种弹簧和模具等。

③ 高温回火（500~650℃）。回火后的组织为回火索氏体，具有强度、硬度、塑性和韧性都较好的综合力学性能。高温回火广泛用于汽车、拖拉机、机床等机械中的重要结构零件，如各种轴、齿轮、连杆、高强度螺栓等。通常将淬火和高温回火相结合的热处理称为调质处理。

应当指出，工件回火后的硬度主要与回火温度和回火时间有关，而回火后的冷却速度对硬度影响不大。实际生产中，回火件出炉后通常采用空冷。

3.5 碳素工具钢及手锯锯条的选材

3.5.1 碳素工具钢

手锯锯条一般选择碳素工具钢制成，并需通过热处理达到使用性能要求。碳素工具钢一般为过共析钢、共析钢或亚共析钢。碳的质量分数的范围为 0.65%~1.35%。其生产成本较低，加工性能良好，可用于制作低速、手动刀具及常温下使用的工具、模具、量具等。各种牌号的碳素工具钢淬火后的硬度相差不大，但随碳的质量分数的增加，未溶的二次渗碳体增多，钢的耐磨性提高，韧性降低。因此，不同牌号的工具钢适用于不同用途的工具。碳素工具钢的牌号是在 T（碳的汉语拼音字首）的后面加数字表示，数字表示钢的平均碳的质量分数的千分数。例如 T9 表示平均 $w_C=0.9\%$ 的碳素工具钢。碳素工具钢都是优质钢，若钢号末尾标 A，则表示该钢是高级优质钢。常用碳素工具钢的牌号、成分、硬度及用途见表 3-5。本表中的全部钢号均属于特殊质量非合金钢。

表 3-5　碳素工具钢的牌号、成分、硬度和用途

牌号	化学成分 ω_i（%）			硬度			用途举例
				退火状态	试样淬火		
	C	Mn	Si	HBW≤	淬火温度/℃和淬火冷却介质	硬度 HRC≥	
T7	0.65～0.74	≤0.40	≤0.35	187	800～820、水	62	用于承受振动、冲击、硬度适中有较好韧性的工具，如凿子、冲头、木工工具、大锤等
T8	0.75～0.84	≤0.40	≤0.35	187	780～800、水	62	有较高硬度和耐磨性的工具，如冲头、木工工具、剪切金属用剪刀等
T8Mn	0.80～0.90	0.40～0.60	≤0.35	17	780～800、水	62	与 T8 钢相似，但淬透性高，可制造截面较大的工具
T9	0.85～0.94	≤0.40	≤0.35	192	760～780、水	62	一定硬度和韧性的工具，如冲模、冲头、凿岩石用凿子
T10	0.95～1.04	≤0.40	≤0.35	197	760～780、水	62	耐磨性要求较高，不受剧烈振动，具有一定韧性及锋利刃口的各种工具，如刨刀、车刀、钻头、丝锥、手锯锯条、拉丝模、冲模等
T11	1.05～1.14	≤0.40	≤0.35	207	760～780、水	62	
T12	1.15～1.24	≤0.40	≤0.35	207	760～780、水	62	不受冲击、高硬度的各种工具，如丝锥、锉刀、刮刀、铰刀、板牙、量具等
T13	1.25～1.35	≤0.40	≤0.35	217	760～780、水	62	不受振动、要求极高硬度的各种工具，如剃刀、刮刀、刻字刀具等

3.5.2　碳素工具钢的热处理

1. 碳素工具钢的退火

工具一般采用锻压工艺制造。碳素工具钢经压力加工后的组织为珠光体，其硬度较高，难于进行机械加工，也不符合淬火对组织的要求。因此，对压力加工后的碳素工具钢钢材应进行球化退火，以获得均匀的、一定尺寸的球状珠光体组织。球化组织是碳素工具钢制造各种工具的最佳原始组织。不同含碳量的碳素工具钢的退火温度不同，并应严格控制。冷却速度对得到良好的球化组织也有一定影响，冷却速度过快将形成极小的点状或片状碳化物，冷却速度过慢得到的球化组织会过于粗大。

2. 碳素工具钢的淬火和回火

碳素工具钢淬火后得到具有高硬度和高耐磨性的马氏体组织。淬火温度对淬火后的工具质量有重要的影响，应根据工具的尺寸、形状、用途和冷却介质来确定。淬火温度过高将使奥氏体晶粒粗大，工件的变形和开裂倾向增加，淬火后的马氏体组织粗大，力学性能恶化，还将使分散的残存渗碳体数量减少，残存奥氏体增加，从而影响耐磨性。淬火温度过低将使奥氏体中溶入的碳数量减少，奥氏体中碳浓度得不到充分的均匀化，对钢的力学性能和耐磨性也有不利的影响。因此淬火加热的保温时间，应能保证工件加热均匀，并得到碳浓度均匀的奥氏体。淬火的冷却应根据工件的尺寸、形状和最终的性能要求来决定。根据需要可选择分级淬火或等温淬火。

碳素工具钢淬火后应进行低温回火以消除内应力，改善其力学性能，防止过大的冷却应力造成开裂。回火温度应根据工具的使用条件和硬度要求进行选择。一般情况下，制作刃具、量具和冷作模具的碳素工具钢可采用低温回火，制作锻模用的碳素工具钢可使用中温回火，以得到所需的韧性。回火保温时间取决于工件的尺寸和形状，主要是保证回火转变充分进行。

3. 手锯锯条的热处理

手用锯条工作时基本上属于摩擦磨损，而且手用锯条较薄，容易折断，锯齿也容易产生崩刃，因此手用锯条除了要求有高的硬度和耐磨性以外，还必须有很好的韧性和弹性。通常手用锯条采用 T10、T12 制造。

T10、T12 钢手用锯条的热处理工艺如表 3-6 所示。

表 3-6 高碳钢手用锯条的热处理规范

预热	加热	冷却	回火	销孔处理	备 注
650~720℃	770~790℃	油淬	175~185℃ 45min	550~650℃ 5~10s 回火	为防止淬火加热时氧化、脱碳，可用下列成分（质量分数）盐浴加热：NaCN20%，NaCl60%，$Na_2CO_3$20%，CN^-控制在5%~6%

手用锯条淬火时，为减少侧弯，应采用合适的夹具，使锯条处于紧张状态下淬硬。淬火时产生的平面弯曲，可置于压紧的夹具中，在回火时压平。

习题与思考题

1. 在生产中，冲击试验有何重要作用？什么叫韧脆转变温度？

2. 强化金属材料的基本途径有哪几条？强化方法与金属的晶体结构、显微组织有什么联系？

3. 说明铁素体、奥氏体、渗碳体、珠光体和莱氏体等基本组织的显微特征及其性能，分析一次渗碳体、二次渗碳体、三次渗碳体、共晶渗碳体、共析渗碳体的异同之处。

4. 默画简化的 $Fe-Fe_3C$ 相图，说明图中主要点、线的意义，填出各相区的相和组织组成物。

5. 对应简化的 $Fe-Fe_3C$ 相图绘出碳的质量分数分别为 0.45%、0.77%、1.2% 三种钢的冷却曲线、组织示意图，并指出组织与性能的关系。

6. 根据 $Fe-Fe_3C$ 相图，解释下列现象：

1）在室温下 $w_C=0.8\%$ 的碳钢比 $w_C=0.4\%$ 碳钢硬度高，比 $w_C=1.2\%$ 的碳钢强度高。

2）钢铆钉一般用低碳钢制造。

3）绑扎物件一般用铁丝（镀锌低碳钢丝），而起重机吊重物时都用钢丝绳（用60钢、65钢等制成）。

4）在1100℃时，$w_C=0.4\%$ 的钢能进行锻造，而 $w_C=4.0\%$ 的铸铁不能进行锻造。

5）钳工锯削T8、T10、T12等退火钢料（w_C 分别为0.8%、1.0%、1.2%）比锯削10、20钢（w_C 分别为0.1%、0.2%）费力且锯条易磨钝。

6）钢适宜压力加工成型，而铸铁适宜铸造成形。

7. 指出 Ac_1、Ac_3 和 Ac_{cm} 各相变点的意义，简述共析钢奥氏体形成的主要特点。

8. 试归纳共析钢过冷奥氏体在 A_1 温度以下不同温度发生转变的产物和性能。

9. 试述马氏体转变的特点。定性说明两种主要类型马氏体的组织形态和性能差异。

10. 将45钢（$w_C=0.45\%$）和T8钢（$w_C=0.8\%$）分别加热到600℃、760℃、840℃，然后在水中冷却，试说明各获得什么组织？性能（硬度）如何变化？

11. 正火和退火的主要区别是什么？生产中应如何选择正火和退火？

12. 指出下列零件正火的主要目的和正火后的组织。

①20钢齿轮；②45钢小轴；③T12钢锉刀。

13. 简述各种淬火方法及其适用范围。

14. 为什么淬火钢回火后的性能主要取决于回火温度，而不是冷却速度？

15. 试分析以下几种说法是否正确？为什么？

①过冷奥氏体的冷却速度越快，钢冷却后的硬度越高；②共析钢奥氏体化后，冷却形成的组织主要取决于加热温度；③同一种钢材在相同加热条件下，水淬比油淬的淬透性好，小件比大件的淬透性好；④钢中合金元素含量越多，淬火后硬度越高。

16. 指出下列工件的淬火和回火温度，并说明回火后得到的组织和大致硬度。

①45钢小轴（要求综合力学性能好）；②60钢弹簧；③T12钢锉刀。

17. 用T10钢制造形状简单的车刀和用45钢制造较重要的螺栓，工艺路线均为：锻造—热处理—机加工—热处理—精加工，对两种工件：①说明预备热处理的工艺方法及其作用；②制定最终热处理工艺规范（温度、冷却介质），并指出最终热处理后的显微组织及大致硬度。

18. 现有20钢和40钢制造的齿轮各一个，为提高齿面的硬度和耐磨性，宜采用何种热处理工艺？热处理后两者在组织和性能上有何不同？

19. 甲、乙两厂同时生产一种45钢零件，硬度要求为220～250HBW。甲厂采用正火处理，乙厂采用调质处理，都达到硬度要求。试分析甲、乙两厂产品的组织和性能的差异？

20. 为什么工件淬火容易产生变形，甚至开裂？减少淬火变形和防止开裂有哪些措施？

项目四　车床主轴的选材——优质碳素结构钢的应用

［问一问，想一想］：

车床主轴是车床上的一个重要部件，车床主轴应选用什么材料制造？采用什么样的热处理工艺？

［学习目标］：

1）了解并分析车床主轴的工作条件。

2）了解材料疲劳强度的有关知识。

3）了解钢的表面热处理和热处理新技术，掌握热处理工艺的应用。

4）了解材料表面处理的基础知识。

5）重点了解优质碳素结构钢的种类、牌号、性能与应用。

6）学会车床主轴的选材。

车工是机械加工中的基本工种，主要是用车床加工回转表面。在金属切削机床中，车床所占比例最大。车床主轴是车床上的重要部件。

4.1　车床主轴的服役条件分析

4.1.1　机床主轴的工作条件

机床的应用范围很广，种类很多。其中卧式车床是应用最广泛的一种，其组成如图 4-1 所示。主轴箱主要用来支撑并使主轴转动，主轴右端连接用来安装工件的卡盘，主轴传递动力并带动工件旋转，通过溜板箱上的刀架带动刀具纵向或横向进给实现切削加工。

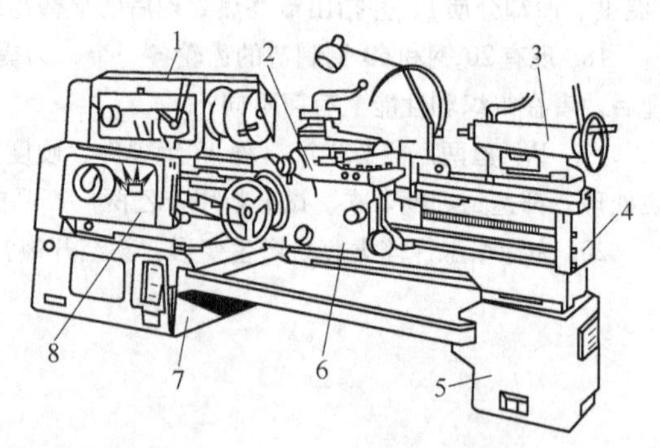

图 4-1　C6140 卧式车床

1—主轴箱　2—刀架部件　3—尾座
4—床身　5、7—床脚　6—溜板箱　8—进给箱

车床主轴如图 4-2 所示。

1. 承受摩擦与磨损

机床主轴的某些部位承受着不同程度的摩擦，特别是轴颈部分，故应具有较高的硬度以增加耐磨性。轴颈的磨损程度决定于与其相配合的轴承类别。在与滚动轴承相配合时，因摩擦已转移给滚珠与套圈，轴颈与轴承不发生摩擦，故轴颈部位没有耐磨要求，硬度一般为 220 ~ 250HBW 即可。但有时为保证装配工艺性和装配精度，对精度高的轴颈，其硬度可提高到 40 ~ 50HRC。在与滑动轴承配合中，轴颈和轴瓦直接摩擦，所以耐磨性要求较高；转

速较高且轴瓦材质较硬时，耐磨性要求亦随之提高，轴颈表面硬度也应越高。如与锡青铜轴承配合的主轴轴颈硬度不得低于300～400HBW；对于高精度机床主轴（如镗床主轴），由于少量磨损就会导致精度下降，常采用与淬火钢质滑动轴承配合，故主轴轴颈必须具有更高的硬度与耐磨性。

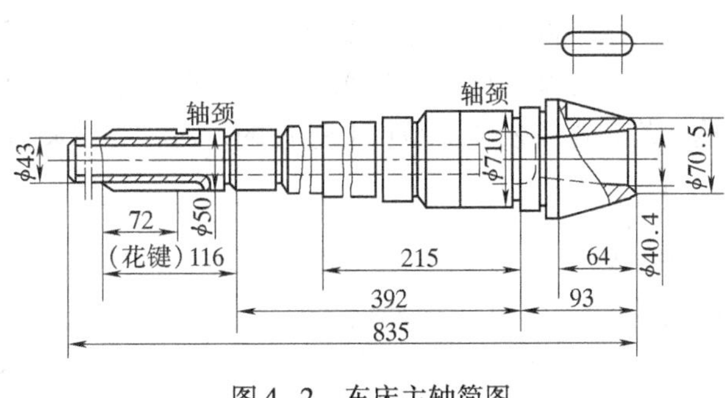

图4-2　车床主轴简图

对有些带内锥孔或外锥体的主轴，工作时和配合件并无相对滑动摩擦，但配件装拆频繁，如铣床主轴上需经常调换刀具；磨床头架、尾座主轴上需调换顶尖和卡盘等，装拆过程中为防止这些部位的磨损，硬度应在45HRC以上；高精度机床应提高到56HRC以上。

2. 承受多种载荷

机床主轴在高速运转时要受到各种载荷的作用，如弯曲、扭转、冲击等。故要求主轴具有抵抗各种载荷的能力。当弯曲载荷较大、转速又很高时，主轴还承受着很高的交变应力。因此要求主轴具有较高的疲劳强度和综合力学性能。

4.1.2　车床主轴的失效分析

切削加工时，高速旋转的主轴承受弯曲、扭转和冲击等多种载荷，因此可能出现主轴变形、加工精度下降、甚至断裂等失效现象。与滑动轴承相配的轴颈可能发生咬死（又称抱轴），使轴颈工作面咬伤。主要起因有润滑不良、润滑油不洁净、轴瓦材料选择不当、结构设计不合理、加工精度不够、主轴副装配不良及间隙不均等。

4.2　材料的力学性能——疲劳极限

很多机械零件在工作过程中并不都是仅仅承担一般的静载荷，和车床主轴一样，许多机械零件如齿轮、弹簧等和许多工程结构都是在循环或交变应力下工作的，它们工作时所承受的应力通常都低于材料的屈服强度。材料在循环应力和应变作用下，在一处或几处产生局部永久性累积损伤，经一定循环次数后产生裂纹或突然发生完全断裂的过程称为材料的疲劳。

疲劳失效与静载荷下的失效不同，断裂前没有明显的塑性变形，发生断裂也较突然。这种断裂具有很大的危险性，常常造成严重的事故。据统计，大部分机械零件的失效是由金属疲劳造成的。

在交变载荷下，金属材料承受的交变应力σ㊀和断裂时应力循环次数N之间的关系，通常用疲劳曲线来描述，如图4-3所示。金属材料承受的最大交变应力σ越大，则断裂时应力交变的次数N越小；反之σ越小，则N越大。当应力低于某值时，应力循环到无数次也不会发生疲劳断裂，此应力值称为材料的疲劳极限。常用钢铁材料的疲劳曲线（图4-4a）

㊀ 由于标准修订的不同步，在有的标准中，应力等符号仍然采用σ等表示，有的性能指标仍沿用原标准，请使用中注意对照。

有明显的水平部分，其他大多数金属材料的疲劳曲线（图4-4b）上没有水平部分，在这种情况下，规定某一循环次数 N_0 断裂时所对应的应力作为疲劳极限。通常材料疲劳性能的测定是在旋转弯曲疲劳实验机上进行的，对称弯曲疲劳极限用 σ_{-1} 表示。

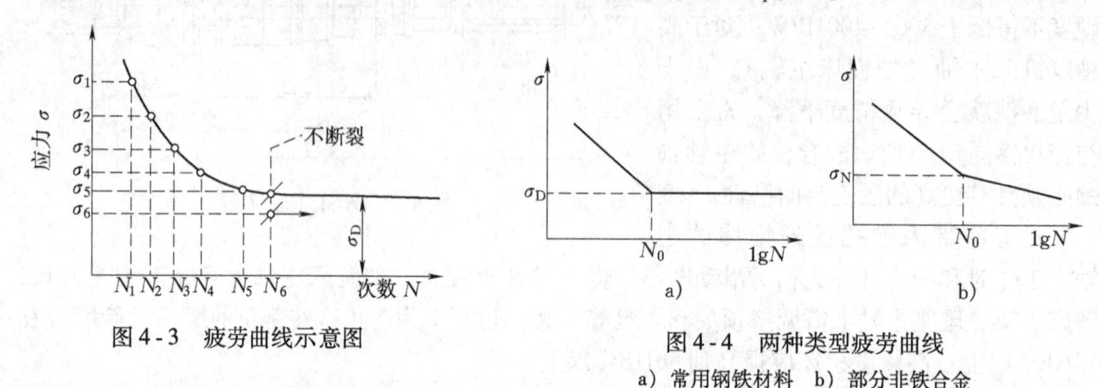

图4-3 疲劳曲线示意图

图4-4 两种类型疲劳曲线
a）常用钢铁材料 b）部分非铁合金

除正常条件下的疲劳问题以外，特殊条件下的疲劳问题，如腐蚀疲劳、接触疲劳、高温疲劳、热疲劳等值得高度重视。由于疲劳断裂通常是从机件最薄弱的部位或缺陷所造成的应力集中处发生，为了提高机件的疲劳抗力，防止疲劳断裂事故的发生，在进行机件设计和成形加工时，应选择合理的结构形状，防止表面损伤，避免应力集中。

4.3 钢的表面热处理和热处理新技术

除了退火、正火、淬火、回火等普通热处理工艺外，为了特别改善零件表面性能（比如车床主轴的轴颈），还需应用表面热处理等工艺技术。

4.3.1 钢的表面热处理

某些在冲击载荷、交变载荷及摩擦条件下工作的机械零件，如曲轴，凸轮轴、齿轮、主轴等，其表层和心部受力不同，由于表层承受较高的应力，因此要求工件表层具有高强度、硬度、耐磨性及疲劳强度，而心部要具有足够的塑性和韧性。为了达到上述的性能要求，生产中广泛应用表面热处理和化学热处理。

1. 表面淬火

表面热处理是仅对工件表层进行热处理以改变其组织和性能的工艺，其中最常用的是表面淬火。表面淬火是对钢的表面快速加热至淬火温度，并立即冷却，使表层获得马氏体强化的热处理。表面淬火不改变钢表层的成分，仅改变表层的组织，且心部组织不发生变化。

常用的感应加热表面淬火的基本原理如图4-5所示。将工件放在铜管绕制的感应圈内，当感应圈通以一定频率的电流时，感应圈内部和周围产生同频率的交变磁场，

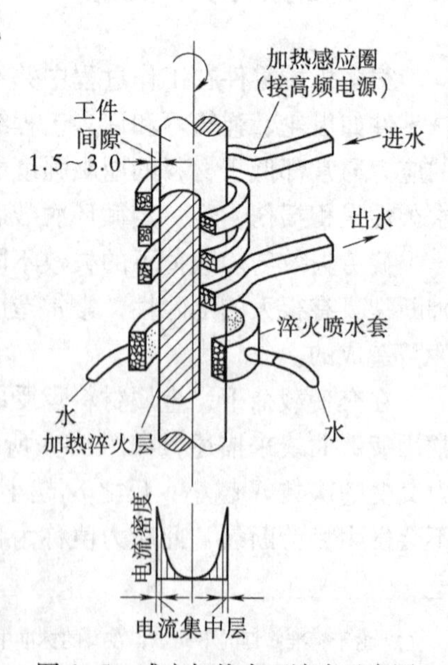

图4-5 感应加热表面淬火示意图

于是工件中相应产生了自成回路的感应电流，由于趋肤效应，感应电流主要集中在工件表层，使工件表面迅速加热到淬火温度。随即喷水冷却，使工件表层淬硬。根据所用电流频率的不同，感应加热可分为高频（200～300kHz）加热、超音频（20～40kHz）加热、中频（2.5～8kHz）加热、工频（50Hz）加热等，用于各类中小型、大型机械零件。感应电流频率越高，电流集中的表层越薄，加热层也越薄，淬硬层深度越小。

感应加热表面淬火零件宜选用中碳钢和中碳低合金结构钢。目前应用最广泛的是汽车、拖拉机、机床和工程机械中的齿轮、轴类等，也可运用于高碳钢、低合金钢制造的工具和量具，以及铸铁冷轧辊等。经感应加热表面淬火的工件，表面不易氧化、脱碳，变形小，淬火层深度易于控制，该热处理方法生产效率高，易于实现生产机械化，多用于大批量生产的形状较简单的零件。

2. 化学热处理

钢的化学热处理是将工件置于一定的活性介质中保温，使一种或几种元素渗入工件表层，以改变其化学成分，从而使工件获得所需组织和性能的热处理工艺。其目的主要是为了表面强化和改善工件表面的物理化学性能，即提高工件的表面硬度、耐磨性、疲劳强度、热硬性和耐蚀性。化学热处理的种类很多，一般以渗入的元素来命名。化学热处理有渗碳、渗氮、碳氮共渗、渗硫、渗硼、渗铬、渗铝及多元共渗等。

渗碳是将工件置于富碳的介质中，加热到高温（900～950℃），使碳原子渗入表层的过程，其目的是使增碳的表面层经淬火和低温回火后，获得高的硬度、耐磨性和疲劳强度。适用于低碳非合金钢和低碳合金钢，常用于汽车齿轮、活塞销、套筒等零件。生产中广泛采用的气体渗碳是将工件置于密封的渗碳炉中（如图4-6所示），加热到900～950℃，通入渗碳气体（如煤气、石油液化气、丙烷等）或易分解的有机液体（如煤油、甲苯、甲醇等），在高温下通过反应分解出活性碳原子，活性碳原子渗入高温奥氏体中，并通过扩散形成一定厚度的渗碳层。渗碳的时间主要由渗碳层的深度决定。工件渗碳后必须进行淬火和低温回火。

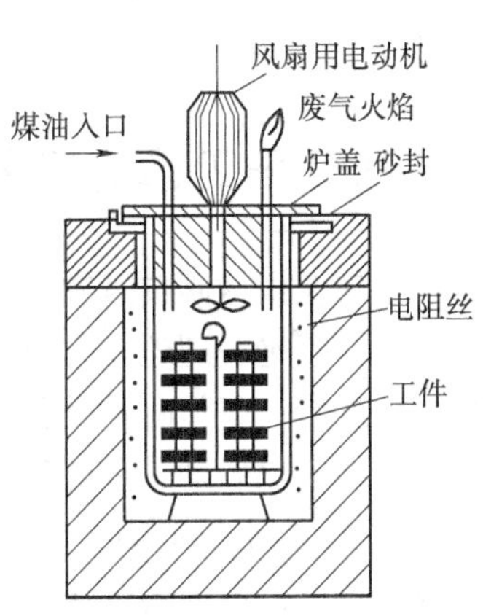

图4-6　气体渗碳示意图

一般低碳非合金钢经渗碳淬火后表层硬度可达60～64HRC，心部为30～40HRC。气体渗碳的渗碳层质量高，渗碳过程易于控制，生产率高，劳动条件好，易于实现机械化和自动化，适于成批或大量生产。

4.3.2　热处理新技术简介

随着工业及科学技术的发展，热处理工艺在不断改进，近20多年发展了一些新的热处理工艺，如真空热处理、可控气氛热处理、形变热处理和新的表面热处理（激光热处理、电子束淬火等）技术。计算机技术也已越来越多地应用于热处理工艺控制。

1. 可控气氛热处理

在炉气成分可控制在预定范围内的热处理炉中进行的热处理称为可控气氛热处理。其目的是为了有效地进行控制表面碳浓度的渗碳、碳氮共渗等化学热处理，或防止工件在加热时的氧化和脱碳，还可用于实现低碳钢的光亮退火及中、高碳钢的光亮淬火。

2. 真空热处理

在真空中进行的热处理称为真空热处理。真空热处理可以减少工件变形；使钢脱氧、脱氢和净化表面，使工件表面无氧化、不脱碳、表面光洁，可显著提高耐磨性和疲劳极限。真空热处理的工艺操作条件好，有利于实现机械化和自动化，而且节约能源，减少污染，因而真空热处理目前发展较快。

3. 形变热处理

形变热处理是将塑性变形同热处理有机结合在一起，获得形变强化和相变强化综合效果的工艺方法。这种工艺方法不仅可以提高钢的强韧性，还可以大大简化金属材料或工件的生产流程。形变热处理的方法很多，有低温形变热处理、高温形变热处理、等温形变淬火、形变时效和形变化学热处理等。

4. 激光热处理和电子束淬火

激光热处理是利用专门的激光器发生能量密度极高的激光，以极快速度加热工件表面、自冷淬火后使工件表面强化的热处理。电子束淬火是利用电子枪发射成束电子，轰击工件表面，使之急速加热，而后自冷淬火。其能量利用率大大高于激光热处理。这两种表面热处理工艺不受钢材种类限制，淬火质量高，基体性能不变，是很有发展前途的新工艺。

4.4 热处理工艺的应用

热处理在机械制造过程中应用相当广泛，它穿插在机械零件制造过程的各个冷、热加工工序之间，正确合理地安排热处理的工序位置是一个重要问题。再者，机械零件类型很多，形状结构复杂，工作时承受各种应力，其选用的材料及要求的性能各异。因此，热处理技术条件的提出、热处理工艺规范的正确制定和实施等是一个相当重要的问题。

1. 热处理的技术条件

设计者根据零件的工作条件、所选用的材料及性能要求提出热处理技术条件，并标注在零件图上。其内容包括热处理的方法及热处理后应达到的力学性能。一般零件需标出硬度值，重要的零件还应标出强度、塑性、韧性指标或金相组织要求。对于化学热处理零件，还应标注渗层部位和渗层的深度。应采用“金属热处理工艺分类及代号”（GB/T12603—2005）的规定标注热处理工艺，见表4-1。

热处理工艺代号标记规定如下：

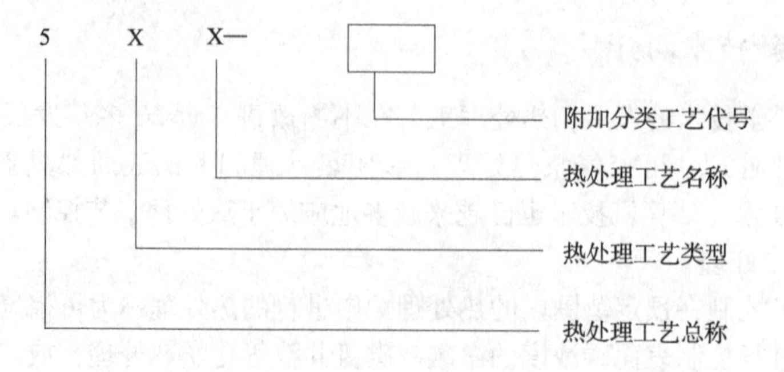

表 4-1　热处理工艺分类及代号（GB/T12603—2005）

工艺总称	代号	工艺类型	代号	工艺名称	代号
热处理	5	整体热处理	1	退火	1
				正火	2
				淬火	3
				淬火和回火	4
				调质	5
				稳定化处理	6
				固溶处理，水韧处理	7
				固溶处理和时效	8
		表面热处理	2	表面淬火和回火	1
				物理气相沉积	2
				化学气相沉积	3
				等离子体化学气相沉积	4
		化学热处理	3	渗碳	1
				碳氮共渗	2
				渗氮	3
				氮碳共渗	4
				渗其他非金属	5
				渗金属	6
				多元共渗	7

2. 热处理工序位置的确定

热处理一般安排在铸、锻、焊等热加工和切削加工的各个工序之间。根据热处理的目的和工序位置的不同，可将其分为预备热处理和最终热处理两大类。

（1）确定热处理工序位置的实例　车床主轴是传递力的重要零件，它承受一般载荷，轴颈处要求耐磨。一般车床主轴选用中碳结构钢（如 45 钢）制造。热处理技术条件为：整体调质处理，硬度 220～250HBW；轴颈及锥孔表面淬火，硬度 50～52HRC。

其制造工艺过程是：锻造→正火→机加工（粗）→调质→机加工（半精）→高频表面淬火＋低温回火→磨削。

其中热处理各工序的作用是：正火作为预备热处理，目的是消除锻件内应力，细化晶粒，改善切削加工性。调质是获得回火索氏体，使主轴整体具有较好的综合力学性能，为表面淬火做好组织准备。高频表面淬火＋低温回火作为最终热处理，使轴颈及锥孔表面得到高硬度、高耐磨性和高的疲劳强度，并回火消除应力，防止磨削时产生裂纹。

（2）热处理工序位置确定的一般规律　预备热处理包括退火、正火、调质等。其工序位置一般安排在毛坯生产之后，切削加工之前；或粗加工之后，精加工之前。正火和退火的作用是消除热加工毛坯的内应力、细化晶粒、调整组织、改善切削加工性，为后面的热处理工序做好组织准备。调质是为了提高零件的综合力学性能，为最终热处理做组织准备。对于一般性能要求不高的零件，调质也可作为最终热处理。

最终热处理包括各种淬火 + 回火及化学热处理。零件经这类热处理后硬度较高，除可以磨削加工外，一般不适宜其他切削加工，故其工序位置一般均安排在半精加工之后，磨削加工（精加工）之前。

在生产过程中，由于零件选用的毛坯和工艺过程不同，热处理工序会有所增减。因此工序位置的安排必须根据具体情况灵活运用。例如要求精度高的零件，在切削加工之后，为了消除加工引起的残余应力，以减小零件变形。在粗加工后可穿插去应力退火。

3. 常见热处理缺陷及其预防

在热处理生产中，由于加热过程控制不良，淬火操作不当或其他原因，会出现一些缺陷。有些缺陷是可以挽救的；有些严重缺陷将使零件报废。因此，了解常见热处理缺陷及其预防是很重要的。

（1）钢在加热时出现的缺陷

1）欠热：又称加热不足。欠热会在亚共析钢淬火组织中出现铁素体，造成硬度不足；在过共析钢组织中会存在过多的未溶渗碳体。

2）过热：加热温度偏高而使奥氏体晶粒粗大，淬火后得到粗大的马氏体，导致零件性能变脆。欠热与不严重的过热可通过退火或正火来矫正。

3）过烧：加热温度过高，使钢的晶界氧化或局部熔化，致使零件报废。过烧是无法挽救的缺陷。

4）氧化：钢的表面在氧化性介质中加热时与氧原子形成氧化铁的现象叫氧化。氧化会使工件尺寸变小，表面变得粗糙并影响淬火时的冷却速度，从而使工件硬度下降。

5）脱碳：钢表层的碳被氧化而导致表层的碳的质量分数降低的现象叫脱碳。加热温度越高，工件的脱碳现象越严重。脱碳会造成钢淬火后表层硬度不足，疲劳强度下降，并易造成表面淬火裂纹。一般来说，工件在盐浴炉中加热可减轻钢的氧化和脱碳。另外可采用保护气氛加热、真空加热及工件表面涂层保护的办法来减少这类缺陷的发生。

（2）钢在淬火时出现的缺陷

1）淬火变形：淬火变形是零件在淬火时由于热应力与组织应力的综合作用引起的尺寸和形状的偏差。

2）淬火裂纹：淬火裂纹的产生原因主要为冷却速度过快，另外零件结构设计不合理等因素也会引起此类缺陷。淬火裂纹应绝对避免，否则零件只能报废。

防止变形与开裂的措施主要有：①正确选材。对形状复杂，要求变形小的精密零件，应选用高淬透性钢。②合理进行零件的结构设计。③选择或制定合理的淬火工艺。如淬火加热尽量采用下限温度，尽可能选择冷却缓慢的淬火冷却介质或采用双介质淬火等。

4. 热处理零件结构的工艺性

在热处理生产中，影响零件热处理质量的因素比较复杂，热处理工艺制订及控制不当，材料本身存在冶金或加工缺陷，材质选择不当及零件结构工艺性不合理等都可能造成热处理缺陷。这里仅说明在设计热处理零件的结构形状时应考虑的热处理结构工艺性。

零件截面尺寸的变化，直接影响到淬火后的有效淬硬深度，影响到淬火应力在工件中的分布，从而对变形等将产生很大影响；零件几何形状对淬火变形与开裂的影响更为显著，应注意以下几点：①避免截面厚薄悬殊，合理安排孔洞和键槽。②避免尖角与棱角。③采用封闭、对称结构。④采用组合结构。图 4-7 列举了几种零件因结构设计不合理而易开裂的部位以及应该如何正确设计的示意图。但是，当改进零件的结构形状后仍难以达到热处理要求时，就应采取其他各种措施防止和减小变形开裂等热处理缺陷，例如合理安排工艺路线；修改工件热处理技术条件；按照热处理变形规律，做到冷热加工配合，调整公差；预留一定加工余量；更换材料及改进热处理操作工艺方法等。

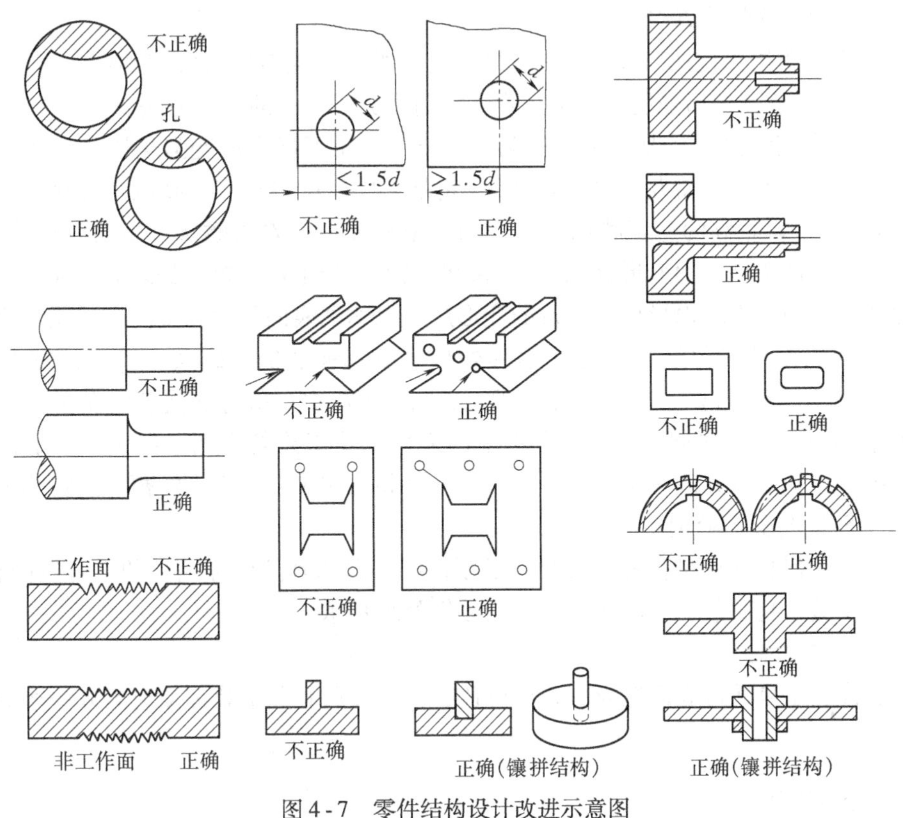

图 4-7　零件结构设计改进示意图

4.5　工程材料的表面处理

4.5.1　表面处理概述

除了钢的表面热处理之外，还有许多工程材料的表面处理技术。表面处理就是利用各种表面涂镀层及表面改性技术，赋予基体材料本身所不具备的特殊力学、物理和化学性能，从而满足工程上对材料及其制品提出的以下要求：

1）提高材料在腐蚀性介质中的耐蚀性或抗高温氧化性能。

2）提高工件耐磨、减摩、润滑及抗疲劳性能。

3）防止金属材料及其制品在生产、储运和使用过程中发生锈蚀。

4）根据需要赋予材料及其制品表面各种特殊的功能，如绝缘、导电、反光、光的选择吸收、电磁性、焊接性、可胶接性等及制造特殊新型表面材料及复层金属板材。

5）赋予金属或非金属制品表面光泽、色彩、图纹等优美外观。

6）修复磨损或腐蚀损坏的工件，挽救加工超差的产品。

常见表面处理方法分为以下三个大类。

1. 表面强化处理

表面强化处理是材料表面处理的重要领域。它是通过材料表层的相变、改变表层的化学成分、改变表层的应力状态以及提高表层的冶金质量等途径来改变性能，从而达到强化表面的目的。常用的表面强化方法有：

（1）表面覆盖层强化法　在材料表面获得特殊性能的覆盖层（如气相沉积层、镀覆层、热喷涂层等），以达到提高强度、耐磨、耐蚀、耐疲劳等目的的工艺方法。

（2）表面形变强化法　表面通过喷丸、滚压、挤压等产生形变强化层，从而获得较高的疲劳强度的工艺方法。喷丸（又称喷砂），它是利用高压空气流、高压水或离心力将磨料（砂粒、铁丸等）以很高的速度喷向工件表面，依靠冲击力除去锈迹、高温氧化皮、旧漆、污垢等，同时可使工件表面变形强化，提高疲劳强度和产生符合要求的表面粗糙度。滚压或挤压是靠碾压力使工件表面形成一定量的变形层，以达到表面强化和提高表面质量等目的。

（3）表面热处理强化法　通过化学热处理（如渗碳、氮、硼及铬等金属或非金属元素）、表面淬火（感应加热、火焰加热、激光、电子束淬火）等方法使表面强化。

（4）表面复合处理强化法　将两种以上的表面强化工艺复合用于同一工件上，在性能上可以发挥各自优点的处理方法。如渗氮后进行高频感应表面淬火，镀覆后进行热扩散等。

2. 表面防腐与保护处理

表面防腐、保护处理是在材料表面施以覆盖层，以达到防腐蚀的目的。常用的有电镀、化学镀、热浸镀、化学氧化、磷化、涂料涂装等处理技术。

3. 表面装饰加工

表面装饰加工是通过表面抛光、金属着色、光亮镀层和美术装饰漆膜等方法达到表面装饰的目的。

4.5.2　气相沉积

气相沉积是利用气相中发生的物理、化学过程，改变工件表面成分，在表面形成具有特殊性能的金属或化合物涂层。按照过程的本质可将气相沉积分为化学气相沉积和物理气相沉积两大类。

1. 化学气相沉积

化学气相沉积（CVD）是利用气态物质在一定的温度下于固体表面上进行化学反应，并在其上面生成固态沉积膜的过程。CVD 法所用的设备简图如图 4-8 所示。

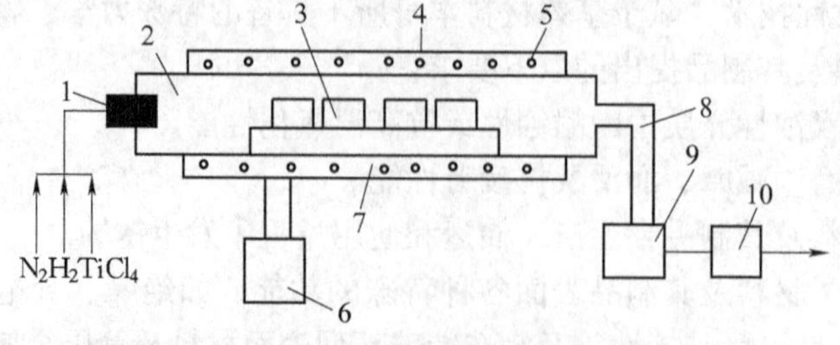

图 4-8　CVD 装置示意图

1—进气系统　2—反应器　3—工件　4—加热炉体　5—加热炉丝
6—加热炉电源及测量仪表　7—卡具　8—排气管　9—机械泵　10—废气处理系统

如钢件要涂覆 TiC 层，则将钛以挥发性氯化物（如 $TiCl_4$）形式与气态或蒸发状态的碳氢化合物一起进入反应室内，用氢作为载体和稀释剂，即会在反应室内的钢件表面上发生反应，生成 TiC，沉积在钢件的表面。钢件经沉积后，还需进行热处理，可以在同一反应室内进行。化学气相沉积反应室需获得真空并加热到 900～1100℃。

常用作 CVD 涂层的材料为碳化物、氮化物、氧化物、硼化物、金属及非金属，如 TiC、TiN、TiCN 等，它们具有很高的硬度、较低的摩擦因数、优异的耐磨性和良好的抗粘着能力。CVD 涂层厚度较为均匀，具有相当优越的耐蚀性。目前，CVD 硬质合金涂层刀具（TiC、TiN、Al_2O_3、TiC－Al_2O_3）、CVD 涂层钢制工模具及耐磨机件已得到应用，使用寿命较未涂层工件提高 3～10 倍。

2. 物理气相沉积

物理气相沉积（PVD）是通过真空蒸发、电离或溅射等过程，产生金属离子并沉积在工件表面，形成金属涂层或与气体反应形成化合物涂层。物理气相沉积是相对于化学气相沉积而言的，但并不意味着 PVD 完全没有化学反应。PVD 法的重要特点是沉积温度低于 600℃，沉积速度比 CVD 快。PVD 法可适用于钢铁材料、非铁金属材料、陶瓷、玻璃、塑料等各种材料。PVD 法有真空镀、真空溅射和离子镀三大类。真空蒸镀法是在高真空度的反应室中，将镀层材料加热变成蒸发原子，蒸发原子在真空条件下撞击工件表面而形成沉积层。图 4-9 所示，为真空蒸镀原理示意图。

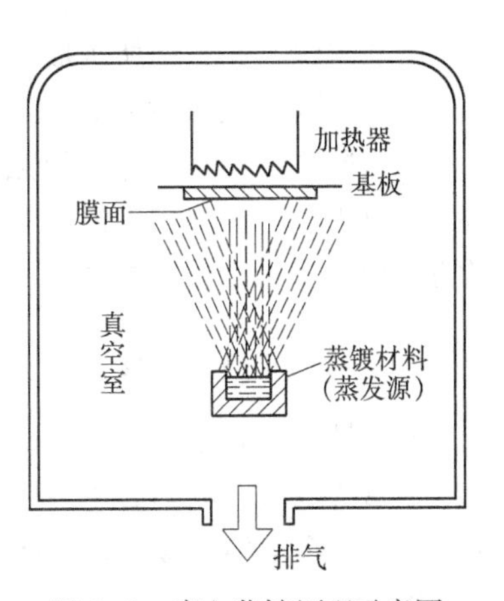

图 4-9 真空蒸镀原理示意图

PVD 处理可以用于表面装饰，其可获得表面光泽度极好的镀层，不论是金属还是非金属，如陶瓷、石膏、玻璃都可以采用适当的 PVD 处理，为工艺美术品提供了一种极有发展前途的处理手段。PVD 硬质镀层目前用得十分普遍，工艺上最成熟的是 TiC、TiN 涂层，这类涂层在一些切削刀具和模具上应用已收到良好的效果。表 4-2 为采用活性反应蒸镀法沉积 TiC、TiN 镀层的一些实用例子。

表 4-2 TiC、TiN 镀层应用实例及效果

基体材料	高速钢	高速钢	高速钢	高速钢	模具钢	Cr13 不锈钢	Cr12MoV
零件	切削工具	丝锥	齿轮滚刀	螺钉冲头	冲孔冲头	纤维切刀	拉深模
镀层	TiC，TiN	TiC	TiN	TiN	TiC，TiN	TiC	TiN
寿命（倍数）	5～10	5	3	3	3～5	3～10	75

4.5.3 化学转化膜技术

化学转化膜技术是通过化学或电化学手段，使金属表面形成稳定的化合物涂层的技术，主要包括氧化膜、磷酸盐膜、铬酸盐膜、阳极氧化膜、草酸盐膜等技术。

1. 钢铁发蓝处理

将钢铁工件放入某些氧化性溶液中，使其表面形成厚度约为0.5～1.5μm致密而牢固的Fe_3O_4薄膜的工艺方法称为发蓝处理。发蓝处理不影响零件的精密度，常用于工具、武器、仪器的装饰防护。发蓝处理能提高工件表面的抗蚀能力，有利于消除工件的残余应力，减少变形，还能使表面光泽美观。

2. 铝及铝合金的发蓝处理

采用化学发蓝处理是将工件放入弱碱或弱酸中获得与基体铝结合牢固的氧化膜，主要用于提高工件的抗蚀和耐磨性能，也可作为油漆的良好底层，还可着色用于表面装饰（如建筑铝型材、压铸件、标牌的装饰膜等）。

3. 钢铁的磷化处理

磷化是将钢铁零件放入含有磷酸盐的溶液中，获得一层不溶于水的磷酸盐膜的过程。磷化膜由磷酸铁、锰、锌所组成，呈灰白或灰黑色的结晶。膜与基体金属结合十分牢固，并且有较高的电阻，绝缘性能好，抗蚀能力强。磷化膜在大气、矿物油、动物油、植物油、苯及甲苯等介质中，均有很好的耐蚀能力；但在酸、碱、氨水、海水及水蒸气中耐蚀性差。厚磷化膜主要用于耐蚀防护、冷变形加工的润滑、滑动表面的减摩等，薄磷化膜则主要用于工序间的防护及有机涂料层基底。

4.5.4 电镀和化学镀

电镀是将金属工件浸入要镀金属盐溶液中并作为阴极，通以直流电，在直流电场的作用下，金属盐溶液中的阳离子在工件表面上沉积出牢固镀层的过程。电镀是常用的金属表面处理技术，合金电镀、复合电镀等工艺技术的发展使电镀技术不断扩大应用范围。电镀镀层有以下功用：

（1）防护性镀层　主要是防止金属在大气以及其他环境下的腐蚀，如钢铁工件镀锌、镀铬、镀锌镍耐蚀合金等。

（2）修复性镀层　增大零件尺寸或覆盖耐磨性镀层，如镀铬、镀铜、镀铁等。

（3）装饰性镀层　使基体金属既能防止腐蚀又有美观装饰的镀层，如镀铬、镀金、镀银、镀镍、镀黄铜（仿金）等合金以及镀层组合等。

（4）特殊用途镀层　如耐磨镀层（硬铬镀层）、防止局部渗碳镀层（镀铜）、电气特性的镀层（镀银、铜、锡）等。

电镀金属中以镀铬最为常用。镀铬层在大气中很稳定，不易变色和失去光泽，硬度高，耐磨性好，耐热性较好，广泛用作装饰性组合镀层的面层。用于表面防护和装饰的镀铬层厚度一般为0.25～2μm，用于表面耐磨的硬铬层厚度为5～80μm。塑料经过表面金属化处理后也可用常规电镀的方法进行电镀。

化学镀是利用合适的还原剂，使溶液中的金属离子在经催化活化的表面上还原析出金属镀层的一种化学方法。由于它是有独特的工艺性能和优良的镀层特性，现已发展为引人注目的镀覆技术。化学镀可以在金属、非金属、半导体等各种不同的基体上镀覆。

4.5.5 涂料和涂装工艺

机电产品涂料涂装是以适当的工艺手段在产品的被涂表面上，使涂料形成结合良好、连续的保护涂层的工艺过程，是材料保护应用最广泛、最重要的工艺手段之一。

1. 涂料

涂料或称漆，是一种以有机高分子材料为主的混合物，用于保护物体的表面，免受外界（大气、盐雾、酸雾或化学品）侵蚀；掩盖表面的缺陷（凹凸不平、斑疤或色斑等）和装饰美化物体。涂料一般由四个部分组成，即成膜物质、颜料、溶剂和助剂。主要成膜物质是各种天然高分子材料（如植物油、虫胶、沥青等）和合成高分子树脂（如酚醛、醇酸、氨基、丙烯酸、环氧、聚氨酯、有机硅等），它属于涂料中不挥发成分，可以单独成膜（清漆），也可以粘合颜料成膜（色漆），是涂料成膜的基础。

常用涂料分清漆和色漆两类。清漆类涂料主要由油料、树脂、溶剂、干燥剂等组成。清漆可单独使用，也可罩光表面，又能配作其他色漆。色漆与清漆相比，含有颜料。色漆主要有底漆和面漆。底漆有防锈底漆和腻子，主要用于打底，面漆为涂在零件表面上最后所罩的色漆，常用的为调合漆和磁漆。

2. 涂装工艺

涂料涂装的方法很多，经常采用的有：涂刷法、浸涂法、喷涂法、电泳涂装等。在涂装之前，零件表面要经表面预处理（除油、除锈、磷化处理等），然后涂底漆→腻子→面漆，完成涂装工艺。

利用高压静电场的作用，将油漆涂装到物体表面的方法称静电喷涂。静电喷涂的特点是油漆利用率高，可达 80% ~90%，漆膜均匀完整，附着力好，涂装质量好，生产效率高，可实现机械化、自动化流水作业，且漆雾飞散少，改善了劳动条件。

4.6　优质碳素结构钢及车床主轴的选材

4.6.1　优质碳素结构钢

优质碳素结构钢是制造机床主轴类零件的理想材料。

优质碳素结构钢是碳素钢中硫、磷含量比较低，钢质洁净度比较高的用于制造重要机械结构零件的非合金结构钢。其性能主要取决于钢中的含碳量和钢的组织结构。这类钢除要求保证化学成分外还要求保证力学性能，一般是经过热处理以后使用，以充分发挥其性能潜力。优质碳素结构钢是一种数量大、品种多、用途广的钢类，是机械工业的主要材料。各种机器和生产设备、交通运输车辆、船舶、工具、农业机械等从最小的垫圈、螺栓、螺母到机械的轴、拉杆、齿轮等构件均可以采用优质碳素结构钢生产制造。

优质碳素结构钢的牌号用两位数字表示，表示钢中平均碳的质量分数为万分之几。若钢中 Mn 的含量较高时，在数字后面附化学元素符号 Mn。优质碳素结构钢的牌号和用途见表 4-3。

表 4-3　优质碳素结构钢的用途举例

牌　号	用途举例
05F	主要用作冶炼不锈、耐酸、耐热、不起皮钢的炉料，也可代替工业纯铁使用，还用于制造薄板、冷轧钢带等
08 08F	用来制成薄板，制造深冲制品、油桶、高级搪瓷制品，电焊条，也可用于制成管子、垫片及心部强度要求不高的渗碳和碳氮共渗零件等

（续）

牌号	用途举例
10 10F	用来制造锅炉管、油桶顶盖、钢带、钢丝、钢板和型材，也可制作机械零件
15 15F	用于制造机械上的渗碳零件、紧固零件、冲锻模件及不需热处理的低载荷零件，如螺栓、螺钉、拉条、法兰盘及化工机械用储器、蒸汽锅炉等
20 20F	用于不经受很大应力而要求韧性的各种机械零件，如拉杆、轴套、螺钉、起重钩等；也用于制造在5.884MPa、450℃以下非腐蚀介质中使用的管子、导管等；还可以用于心部强度不大的渗碳与碳氮共渗零件，如轴套、链条的滚子、轴以及不重要的齿轮、链轮等
25	用作热锻和热冲压的机械零件，机床上的渗碳及碳氮共渗零件，以及重型和中型机械制造中载荷不大的轴、辊子、连接器、垫圈、螺栓、螺母等，还可用作铸钢件
30	用作热锻和热冲压的机械零件，冷拉丝、重型和一般机械用的轴、拉杆、套环，以及机械上用的铸件，如气缸、汽轮机机架、轧钢机机架和零件、机床机架、飞轮等
35	用作热锻和热冲压的机械零件，冷拉和冷顶镦钢材、无缝钢管，机械制造中的零件，如转轴、曲轴、轴销、杠杆、连杆、横梁、星轮、套筒、轮圈、钩环、垫圈、螺钉、螺母等，还可以用来铸造汽轮机机身，轧钢机机身、飞轮、均衡器等
40	用来制造机器的运动零件，如辊子、轴、曲柄销、传动轴、活塞杆、连杆、圆盘等，以及火车的车轴
45	用来制造蒸汽轮机、压缩机、泵的运动零件，还可以用来代替渗碳钢制造齿轮、轴、活塞销等零件，但零件需经高频或火焰表面淬火，并可用作铸件
50	用于耐磨性要求高、动载荷及冲击作用不大的零件，如铸造齿轮、拉杆、轧辊、轴摩擦盘，次要的弹簧、农机上的掘土犁铧、大载荷的心轴与轴等
55	用于制造齿轮、连杆、轮圈、轮缘、扁弹簧及轧辊等，也作铸件
60	用于制造轧辊、轴、偏心轴、弹簧圈、各种垫圈、离合器、凸轮、钢丝绳等
65	用于制造气门弹簧、弹簧圈、轴、轧辊、各种垫圈、凸轮及钢丝绳等
70 80	用于制造弹簧
15Mn 20Mn	用于制造中心部分的力学性能要求较高且需渗碳的零件
30Mn	用于制造螺栓、螺母、螺钉、杠杆、制动踏板；还可以制造在高应力下工作的细小零件，如农机上的钩、环、链等

为适应某些专业的特殊用途，对优质碳素结构钢的成分和工艺作一些调整，并对性能作出补充规定，可派生出锅炉与压力容器、船舶、桥梁、汽车、农机、纺织机械、焊条、铆螺等一系列专业用钢，并已制订了相应的国家标准。

4.6.2 车床主轴的选材和热处理

主轴材料与热处理的选择主要应根据其工作条件及技术要求来决定。当主轴承受一般载荷、转速不高、冲击与循环载荷较小时，可选用中碳钢经调质或正火处理。要求高一些的，可选取合金调质钢进行调质处理。对于表面要求耐磨的部位，在调质后尚需进行表面淬火。

当主轴承受重载荷、高转速、冲击与循环载荷很大时，应选用合金渗碳钢进行渗碳淬火。

前述的车床主轴选用最常用的优质碳素结构钢——45 钢。热处理技术条件为：整体调质，硬度 220 ~ 250HBW；内锥孔与外锥体淬火，硬度 45 ~ 50HRC；花键部位高频淬火，硬度 48 ~ 53HRC。由于主轴上阶梯较多，直径相差较大，宜选锻件毛坯。材料经锻造后粗略成形，可以节约原材料和减少加工工时，并可使主轴的纤维组织分布合理并提高力学性能。

车床主轴的加工工艺路线为：

下料→锻造→正火→机械粗加工→调质→机械半精加工（除花键外）→局部淬火、回火（锥孔及外锥体）→粗磨（外圆、外锥体及锥孔）→铣花键→花键高频淬火、回火→精磨（外圆、外锥体及锥孔）。

习题与思考题

1. 什么叫疲劳极限？为什么表面强化处理能有效地提高疲劳极限？
2. 渗碳后的零件为什么必须淬火和回火？淬火、回火后表层和心部性能有何不同？为什么？
3. 指出材料表面处理方法分类及主要目的。
4. 比较 CVD 和 PVD 两种气相沉积方法。
5. 比较钢铁的发蓝与磷化工艺。
6. 指出生活中常见的建筑设施、家具、电器、工具等所采用的表面处理技术。
7. 试指出几个你认为应是优质碳素结构钢制造的零件。

项目五　汽车车架的选材——低合金钢的应用

[问一问，想一想]：

我们正在步入汽车社会。汽车车架是用什么材料做的？合金元素加入钢中起什么作用？

[学习目标]：

1）了解并分析汽车车架的工作条件。

2）重点了解合金元素在钢中的作用。

3）了解合金钢的钢号表示方法。

4）重点了解低合金钢的种类、牌号、性能与应用。

5）学会汽车车架的选材。

汽车车架是整个汽车的基础，是形似桥架的一种结构，其功用是支撑并连接汽车的各种零部件和总成，并使它们保持正确的相对位置，承受来自车上和地面上的各种动、静载荷。车架的选材直接影响着汽车的行驶性能和载重性能。

5.1　汽车车架的服役条件分析

1. 车架的工作条件

常见的综合框架式汽车车架如图 5-1 所示。

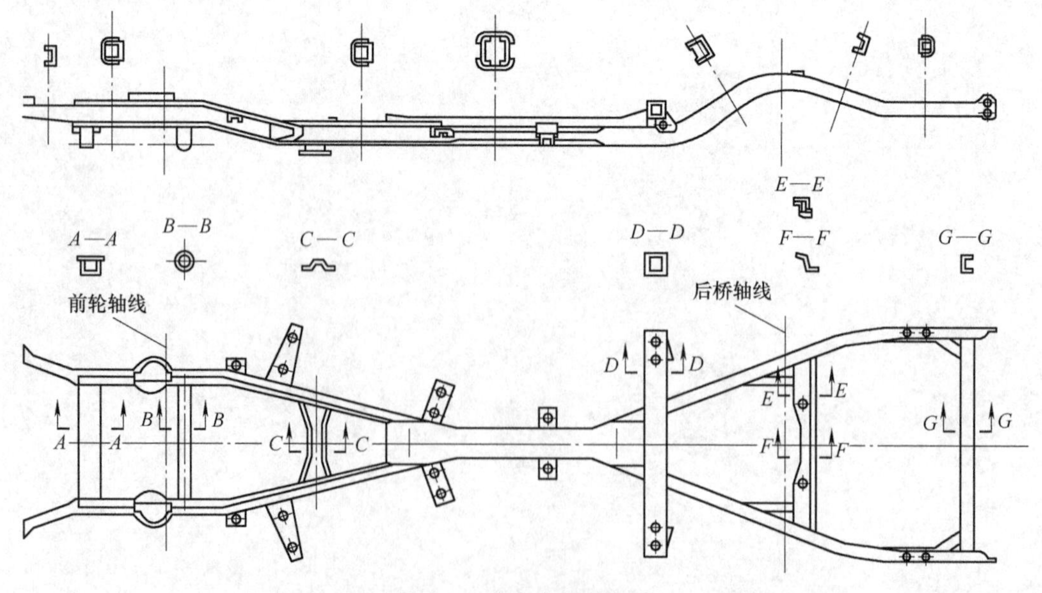

图 5-1　汽车车架示意图

车架在实际运行环境中工作时，主要面对动、静两种载荷。汽车处于静态时，车架所收载荷为静载荷。它包括车架和车身的自身重量及安装在车架上各总成与附件的质量，当然也包括乘客和行李货物的质量。当汽车处于动态时，车架承受的载荷为动载荷。道路和行驶环境对汽车车架的工作条件有很大影响。

2. 车架的失效分析

汽车的使用工况不是固定不变的，受道路条件、气候条件及其他因素影响而会产生相当频繁且无规律的变化。受道路状况的影响，车架会产生弯曲变形或扭转变形。当汽车加速或制动时，会导致车架前后部分的载荷重新分布；汽车转弯时，离心力将使车架受侧向力的作用；经常行驶于崎岖路面的汽车，还将承受冲击载荷的作用。因此车架承受的是无规律的交变重复载荷。

针对上述情况，要求车架有足够的强度，保证在各种复杂的受力情况下车架不受破坏；足够的疲劳强度，保证汽车在大修里程内，车架没有严重的疲劳损伤；足够的弯曲强度，保证汽车在各种复杂使用条件下，固定在车架上的各总成不致因为车架的弯曲而早期损坏或失去正常的工作能力；适当的扭转刚度，当汽车行驶于不平路面时，为了保证汽车对路面不平的适应性和通过能力，要求车架具有合适的扭转刚度。通常要求车架两端的扭转刚度大些，而中间部分的扭转刚度适当小些。同时车架自重应尽量轻些，通常要求车架的重量应小于整车装备的10%。

5.2　合金元素在钢中的作用

汽车车架一般采用低合金钢制造。低合金钢是在非合金钢的基础上，加入少量合金元素，提高钢材的强度或改善其某方面的使用性能，而发展起来的工程结构用钢。

各类元素，尤其是合金元素的加入，都会对金属材料的组织、性能产生各种各样的影响。为一定目的加入到钢中，能起到改善钢的组织和获得所需性能的元素，才称为是合金元素，常用的有Cr、Mn、Si、Ni、Mo、W、V、Co、Ti、Al、Cu、B、N、稀土等。合金元素在钢中的作用，主要表现为合金元素与铁、碳之间的相互作用以及对铁碳相图和热处理相变过程的影响。

实际使用的非合金钢并不是单纯的铁碳合金，由于冶炼时所用原料以及冶炼工艺方法等影响，钢中总不免有少量其他元素存在，如Si、Mn、S、P等，这些元素一般作为杂质看待。它们的存在对钢的性能也有较大影响。Mn和Si在碳钢中有利于提高钢的强度和硬度，Mn还可与硫形成MnS，以消除硫的有害作用，一般属有益元素。S和P是钢中的有害元素。S在钢中以化合物FeS形式存在，其与Fe形成低熔点共晶体分布在晶界上。钢加热到1000～1200℃进行锻压或轧制时，易晶界熔化，使钢在晶界开裂，这种现象称为热脆。P在低温时会使材料塑性和韧性显著降低，这种现象称为冷脆。

1. 合金元素对钢基本相的影响

钢的基本相主要是固溶体（如铁素体）和化合物（如碳化物）。

大多数合金元素（如Mn、Cr、Ni等）都能溶于铁素体，引起铁素体晶格畸变，产生固溶强化，使铁素体的强度、硬度升高，塑性、韧性下降，如图5-2所示。

有些合金元素可与碳作用形成碳化物，这类元素称为碳化物形成元素，有Fe、Mn、Cr、

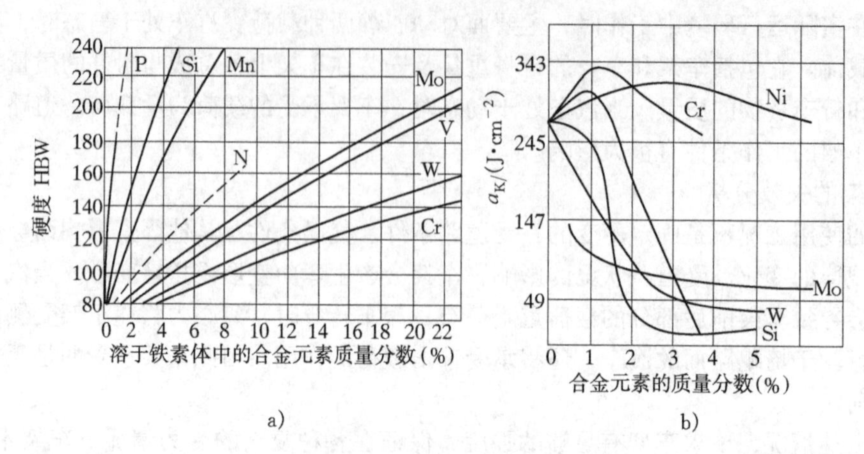

图5-2 合金元素对铁素体力学性能的影响

a) 对硬度的影响 b) 对韧性的影响

Mo、W、V、Nb、Zr、Ti 等（按与碳亲和力由弱到强排列）。与碳的亲和力越强，形成的碳化物就越稳定，硬度就越高。由于与碳的亲和力强弱不同及含量不同，合金元素可以形成不同类型的碳化物：①溶入渗碳体中，可形成合金渗碳体，如 $(Fe, Mn)_3C$、$(Fe, Cr)_3C$ 等；②形成合金碳化物，如 Cr_7C_3、Fe_3W_3C 等；③形成特殊碳化物，如 WC、MoC、VC、TiC 等。从合金渗碳体到特殊碳化物，稳定性及硬度依次升高。碳化物的稳定性越高，高温下就越难溶于奥氏体，也越不易聚集长大。随着碳化物数量的增加，钢的硬度、强度提高，塑性、韧性下降。

非碳化物形成元素 Ni、Si、Al、Co、Cu 等与碳亲和力很弱，不形成碳化物。

2. 合金元素对 $Fe—Fe_3C$ 相图的影响

$Fe-Fe_3C$ 相图是以铁和碳两种元素为基本组元的相图。如果在这两种元素的基础上加入一定量的合金元素，必将使 $Fe-Fe_3C$ 相图的相区和转变点等发生变化。

(1) 合金元素对奥氏体相区的影响　Ni、Mn 等合金元素使单相奥氏体区扩大，即使 A_1 线、A_3 线下降。若其含量足够高，可使单相奥氏体区扩大至常温，即可在常温下保持稳定的单相奥氏体组织。利用合金元素扩大奥氏体相区的作用可生产出奥氏体钢。

Cr、Mo、Ti、Si、Al 等合金元素使单相奥氏体区缩小，即使 A_1 线、A_3 线升高，当其含量足够高时，可使钢在高温与常温均保持铁素体组织，这类钢称为铁素体钢。

(2) 合金元素对 S、E 点的影响　合金元素都使 $Fe—Fe_3C$ 相图的 S 点和 E 点向左移，即使钢的共析含碳量和奥氏体对碳的最大固溶度降低。若合金元素含量足够高，可以在 $w_C=0.4\%$ 的钢中产生过共析组织，在 $w_C=1.0\%$ 的钢中产生莱氏体。例如，在高速钢（$w_C=0.7\%\sim0.8\%$）的铸态组织中就有莱氏体，故可称之为莱氏体钢。

3. 合金元素对钢热处理的影响

我们原来了解的热处理原理和工艺主要是针对铁碳合金的，如果加入了合金元素，则热处理的加热、冷却和回火转变都会在原来的基础上发生一定的变化。

(1) 对加热时奥氏体化及奥氏体晶粒长大的影响　合金钢的奥氏体形成过程基本上与非合金钢相同，但合金钢的奥氏体化比非合金钢需要的温度更高，保温时间更长。由于高熔点的合金碳化物、特殊碳化物（特别是 W、Mo、V、Ti 等的碳化物）的细小颗粒分散在奥氏体组织中，能机械地阻碍晶粒长大，所以热处理时合金钢一般不易过热。

(2) 对冷却时过冷奥氏体转变的影响　除 Co 外，大多数合金元素（如 Cr、Ni、Mn、Si、Mo、B 等）溶于奥氏体后都使钢的过冷奥氏体的稳定性提高，从而使钢的淬透性提高。因此，一方面有利于大截面零件的淬透，另一方面可采用较缓和的冷却介质淬火，有利于降低淬火应力，减少变形、开裂。有的钢中提高淬透性元素的含量大，则其过冷奥氏体非常稳定，甚至在空气中冷却也能形成马氏体组织，故可称其为马氏体钢。除 Co、Al 以外，大多数合金元素都使 *Ms* 点下降，并增加残存奥氏体量。

(3) 对回火转变的影响　由于淬火时溶入马氏体的合金元素阻碍马氏体的分解，所以合金钢回火到相同的硬度，需要比非合金钢更高的加热温度，这说明合金元素提高了钢的耐回火性。所谓耐回火性是指淬火钢在回火时抵抗强度、硬度下降的能力。

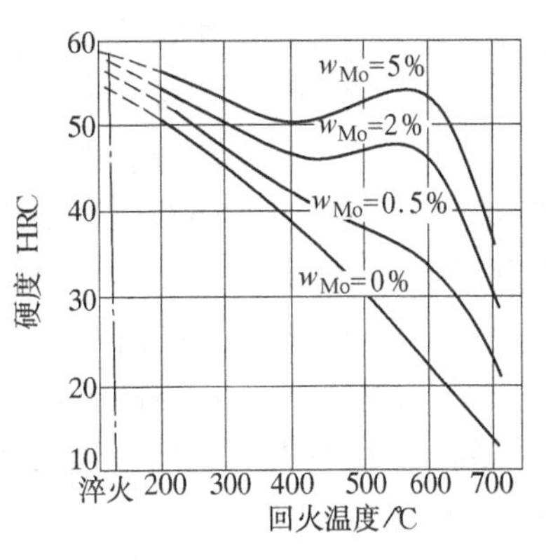

图 5-3　w_C = 0.35% Mo 钢的回火温度与硬度关系曲线

在高合金钢中，W、Mo、V 等强碳化物形成元素在 500～600℃回火时，会形成细小弥散的特殊碳化物，使钢回火后硬度有所升高；同时，淬火后残存的奥氏体在回火冷却过程中部分转变为马氏体，使钢回火后硬度显著提高；这两种现象都称为“二次硬化”，如图 5-3 所示。高的耐回火性和二次硬化使合金钢在较高温度（500～600℃）仍保持高硬度（≥60HRC），这种性能称为热硬性。热硬性对高速切削刀具及热变形模具等非常重要。合金元素对淬火钢回火后力学性能的不利方面主要是回火脆性。这种脆性主要在含 Cr、Ni、Mn、Si 的调质钢中出现，而 Mo 和 W 可降低这种回火脆性。

5.3　合金钢及其钢号的表示方法

在铁碳合金的冶炼过程中加入一定量的合金元素形成合金钢。合金钢的编号是按照合金钢中的含碳量及所含合金元素的种类（元素符号）和含量来编制的。一般，钢号的首部是表示碳的平均质量分数的数字，表示方法与优质碳素钢的编号是一致的。对于结构钢，以万分数计，对于工具钢以千分数计。当钢中某合金元素的平均质量分数 w_{Me} < 1.5% 时，钢号中只标出元素符号，不标明含量；当 w_{Me} = 1.5% ～2.5%、2.5% ～3.5%……时，在该元素后面相应地用整数 2、3……注出其近似含量。

(1) 合金结构钢　例如 60Si2Mn，表示平均 w_C = 0.6%、w_{Si} > 1.5%、w_{Mn} < 1.5% 的合金结构钢；09Mn2 表示平均 w_C = 0.09%、w_{Mn} > 1.5% 的合金结构钢。钢中 V、Ti、Al、B、稀土（以 RE 表示）等合金元素，虽然含量很低，仍应在钢号中标出，例如 40MnVB、25MnTiBRE。滚动轴承钢有自己独特的牌号。牌号前面以“G”（滚）为标志，其后为铬元素符号 Cr，质量分数以千分数表示，其余与合金结构钢牌号规定相同，例如 GCr15SiMn 钢。

(2) 合金工具钢　当平均 w_C < 1.0% 时，如前所述，牌号前以千分数（一位数）表示；当 w_C ≥ 1% 时，为了避免与结构钢相混淆，牌号前不标数字。例如 9Mn2V 表示平均 w_C = 0.9%、w_{Mn} = 2%、含少量 V 的合金工具钢；CrWMn 钢号前面没有数字，表示钢中平均 w_C >

1.0%。高速工具钢牌号中则不标出含碳量。

（3）特殊性能钢的牌号表示法与合金工具钢基本相同，只是当 $w_C \leqslant 0.08\%$ 及 $w_C \leqslant 0.03\%$ 时，在牌号前面分别冠以“0”及“00”，例如0Cr19Ni9，0Cr13Al等。

5.4 汽车车架的选材与低合金钢

低合金钢是合金钢中用量较大的一类，是可焊接的低碳低合金工程结构用钢，主要用于房屋、桥梁、船舶、车辆、铁道、高压容器及大型军事工程等工程结构件。这些构件的特点是尺寸大，需冷弯及焊接成形，形状复杂，大多在热轧或正火条件下使用，且可能长期处于低温或暴露于一定环境介质中，因而要求钢材必须具有①较高的强度和屈强比；②较好的塑性和韧性；③良好的焊接性；④较低的缺口敏感性和冷弯后低的时效敏感性；⑤良好的焊接性和较低的韧脆转变温度。

1. 低合金高强度结构钢

低合金高强度结构钢的主要合金元素有Mn、V、Ti、Nb、Al、Cr、Ni等。Mn有固溶强化铁素体、增加并细化珠光体的作用；V、Ti、Nb等主要作用是细化晶粒；Cr、Ni可提高钢的冲击韧度，改善钢的热处理性能，提高钢的强度，并且Al、Cr、Ni均可提高对大气的抗蚀能力。为改善钢的性能，高性能级别钢可加入Mo、稀土等元素。钢的牌号用途以及新、旧标准对比等见表5-1。

表5-1 新旧低合金高强度钢标准牌号对照及用途举例

新标准	旧标准	用途举例
Q295	09MnV、09MnNb、09Mn2、12Mn	车辆的冲压件、冷弯型钢、螺旋焊管、拖拉机轮圈、低压锅炉汽包、中低压化工容器、输油管道、储油罐、油船等
Q345	18Nb、09MnCuPTi、10MnSiCu、12MnV、14MnNb、16Mn、16MnRE	船舶、铁路车辆、桥梁、管道、锅炉、压力容器、石油储罐、起重及矿山机械、电站设备、厂房钢架等
Q390	10MnPNbRE、15MnV、15MnTi、16MnNb	中高压锅炉汽包、中高压石油化工容器、大型船舶、桥梁、车辆、起重机及其他较高载荷的焊接结构件等
Q420	14MnVTiRE、15MnVN	大型船舶、桥梁、电站设备、起重机械、机车车辆、中压或高压锅炉及容器及其大型焊接结构件等
Q460		可淬火加回火后用于大型挖掘机、起重运输机械、钻井平台等

2. 低合金专业用钢

为了适应某些专业的特殊需要，对低合金高强度结构钢的成分、工艺及性能作相应的调整和补充规定，从而发展了门类众多的低合金专业用钢。例如锅炉、各种压力容器、船舶、桥梁、汽车、农机、自行车、矿山、建筑钢筋等，许多已纳入国家标准。

汽车用低合金钢是一类用量极大的专业用钢，广泛用于汽车大梁、托架及车壳等结构件。主要包括冲压性能良好的低强度钢（发动机罩等）、微合金化钢（大梁等）、低合金双相钢（轮毂、大梁等）、高延性高强度钢（车门、挡板）四类，目前国内外汽车钢板技术发展迅速。

低合金钢制构件一般不需要进行专门的热处理。

习题与思考题

1. 碳素结构钢、优质碳素结构钢、碳素工具钢各自有何性能特点？非合金钢共同的性能不足是什么？

2. 指出下列元素哪些是强碳化物形成元素，哪些是弱碳化物形成元素，哪些是非碳化物形成元素？它们对奥氏体的形成及晶粒长大起何作用？对钢的热处理有何影响？

Ni　Si　Al　Co　Mn　Cr　Mo　W　V　Ti

3. 合金元素提高钢的耐回火性，使钢在使用性能方面有何益处？

4. 试举出几个你认为是低合金钢制造的构件。

项目六　汽车齿轮的选材——合金结构钢的应用

[问一问，想一想]：

汽车的动力主要通过齿轮传递。那么，汽车齿轮是用什么材料做的？合金钢与碳素钢主要有什么区别？汽车齿轮的生产工艺路线是怎样的？

[学习目标]：

1）了解并分析汽车齿轮的工作条件。

2）重点了解机械结构用合金钢的种类、牌号、性能与应用。

3）学会汽车齿轮的选材和工艺分析。

齿轮是十分常见的机械零件，各类机械中几乎都有齿轮来完成动力传递，汽车齿轮就是这样的一类典型机械零件。

6.1　汽车齿轮服役条件分析

6.1.1　齿轮的工作条件

齿轮的工作状态如图 6-1 所示。

a)

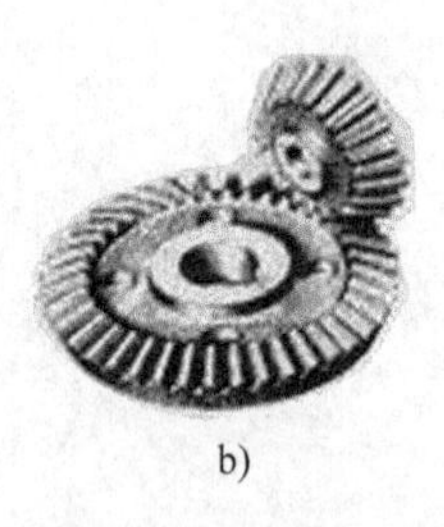
b)

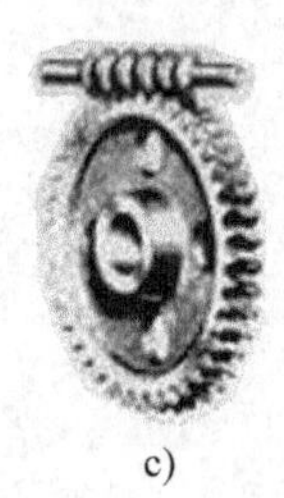
c)

图 6-1　齿轮的工作状态示意图

a）圆柱齿轮　b）锥齿轮　c）蜗轮蜗杆

齿轮在传递动力及改变速度的运动过程中，啮合齿面之间既有滚动，又有滑动，而且轮齿根部还受到脉动或交变弯曲应力的作用。其所受应力主要有三种：摩擦力、接触应力和弯曲应力。

6.1.2　齿轮的失效分析

1. 啮合齿面间的摩擦力及齿面磨损

齿面上实际存在着凹凸不平，局部会产生很大的压强而引起金属塑性变形，当啮合齿面相对滑动时便会产生摩擦力，齿面磨损就是相互摩擦的结果。当齿面压力很高、润滑不良时，磨损尤甚。齿面磨损会在使用中引起振动等问题。

2. 啮合齿面的接触应力及接触疲劳

齿轮的接触疲劳破坏是由于作用在齿面上的接触应力超过了材料的疲劳极限而产生的。软齿面齿轮往往以麻点破坏为主，硬齿面齿轮则以疲劳剥落为主。

齿面疲劳破坏的主要形式有：

（1）表面麻点　麻点的形成与金属表面的塑性变形相关，而且由于摩擦力的存在，疲劳裂纹大多在表面萌生，裂纹的扩展则是润滑油挤入的结果。提高齿面硬度，改善齿面接触状况，可以有效地提高麻点破坏的抗力。

（2）浅层剥落　当接触表面下某一点其最大切应力大于材料的抗剪强度时，就可能产生疲劳裂纹，最后经扩展引起层状剥落。

（3）深层剥落　经表面硬化处理的齿轮，在硬化层与心部交界处往往是薄弱环节，当接触载荷在层下交界处形成的最大切应力与材料的抗剪强度达到某一界限值之后，就可能形成疲劳裂纹，经扩展最后导致较深的硬化层剥落。

3. 齿轮的弯曲应力及弯曲疲劳

齿轮的弯曲疲劳破坏是齿根受到的最大振幅的脉动或交变弯曲应力超过了齿轮材料的弯曲疲劳极限而产生的。由于材料选择不当、热处理不当、工作条件恶劣、操作失误等，严重的还会发生齿牙断裂。

因此，汽车齿轮要求表面具有较高的强度、耐磨性、疲劳极限和一定的塑性，心部具有较好的塑性和冲击韧性。

6.2　机械结构用合金钢

汽车齿轮有的用低碳的优质碳素结构钢制造，但重要的都用合金渗碳钢制造。合金渗碳钢属于机械结构用合金钢一类。

机械结构用合金钢主要用于制造各种机械零件，其质量等级都属于特殊质量等级，大多须经热处理后才能使用，按其用途、热处理特点可分为渗碳钢、调质钢、弹簧钢、滚动轴承钢、超高强度钢等。

1. 合金渗碳钢

（1）用途与性能特点　合金渗碳钢通常是指经渗碳淬火、低温回火后使用的合金钢。合金渗碳钢主要用于制造承受强烈冲击载荷和摩擦磨损的机械零件，如汽车、拖拉机中的变速齿轮，内燃机上的凸轮轴、活塞销等。这些零件工作表面具有高硬度、高耐磨性，心部具有良好的塑性和韧性。

（2）常用钢种及热处理特点　20CrMnTi 是应用最广泛的合金渗碳钢，用于制造汽车拖拉机的变速齿轮、轴等零件。合金渗碳钢的热处理一般是渗碳后淬火加上低温回火。热处理使表层获得高碳回火马氏体加碳化物，硬度一般为 58～64HRC；而心部组织则视钢的淬透性高低及零件尺寸的大小而定，可得到低碳回火马氏体或珠光体加铁素体组织。表 6-1 列出了常用合金渗碳钢的牌号、热处理、力学性能与用途。

表 6-1 常用合金渗碳钢的牌号、热处理、力学性能与用途

类别	牌号	热处理工艺			力学性能				用途举例
		第一次淬火温度/℃	第二次淬火温度/℃	回火温度/℃	R_m/MPa	R_{eL}/MPa	A（%）	A_K/J	
					不小于				
低淬透性	15Cr	880 水，油	780～820 水，油	200 水，空气	735	490	11	55	截面不大、心部要求较高强度和韧性、表面承受磨损的零件，如齿轮、凸轮、活塞、活塞环、联轴节、轴等
	20Cr	880 水，油	780～820 水，油	200 水，空气	835	540	10	47	截面在 30mm 以下、形状复杂、心部要求较高强度、工作表面承受磨损的零件，如机床变速箱齿轮、凸轮、蜗杆、活塞、爪形离合器等
	20CrV	880 水，油	800 水，油	200 水，空气	835	590	12	55	截面尺寸不大、心部具有较高强度、表面要求高硬度的耐磨零件，如齿轮、活塞销、小轴、传动齿轮、顶杆等
	20MnV	880 水，油	—	200 水，空气	785	590	10	55	锅炉、高压容器、大型高压管道等较高载荷的焊接结构件，使用温度上限 450～475℃。亦可用作冷拉、冲压零件，如活塞销、齿轮等
中淬透性	20Mn2	850 水，油	—	200 水，空气	785	590	10	47	代替 20Cr 钢制作渗碳的小齿轮、小轴，低要求的活塞销、气门顶杆、变速箱操纵杆等
	20CrNi3	830 水，油	—	480 水，空气	930	735	11	78	在高载荷条件下工作的齿轮、蜗杆、轴、螺杆、双头螺柱、销钉等
	20GrMnTi	880 油	870 油	200 水，空气	1080	835	10	55	在汽车、拖拉机工业中用于截面在 30mm 以下，承受高速、中或重载荷及受冲击、摩擦的重要渗碳件，如齿轮、轴、齿轮轴、爪形离合器、蜗杆等
	20Mn2B	880 油	—	200 水，空气	980	785	10	55	尺寸较大、形状较简单、受力不复杂的渗碳件，如机床上的轴套、齿轮、离合器，汽车上的转向轴、调整螺栓等
	20MnVB	860 油	—	200 水，空气	1080	885	10	55	模数较大、载荷较重的中小渗碳件，如重型机床上的齿轮、轴，汽车后桥主动、从动齿轮等淬透性件

（续）

类别	牌号	热处理工艺			力学性能				用途举例
		第一次淬火温度/℃	第二次淬火温度/℃	回火温度/℃	R_m/MPa	R_{eL}/MPa	A（%）	A_K/J	
					不小于				
高淬透性	20Cr2Ni4	880 油	7980 油	200 水，空气	1175	1080	10	63	大截面渗碳件如大型齿轮、轴等
	18Cr2Ni4WA	950 空气	850 空气	200 水，空气	1175	835	10	78	大截面、高强度、良好的韧性以及缺口敏感性低的重要渗碳件，如大截面的齿轮、传动轴、曲轴、花键轴、活塞销、精密机床上控制进刀的涡轮等

2. 合金调质钢

（1）用途与性能特点　合金调质钢是指经调质后使用的钢。合金调质钢主要用于制造在重载荷下同时又受冲击载荷作用的一些重要零件，如汽车、拖拉机、机床等上的齿轮、轴类件、连杆、高强度螺栓等。它是机械结构用钢的主体，要求零件具有高强度、高韧性相结合的良好综合力学性能。

（2）常用钢种及热处理特点　最典型的钢种是40Cr，用于制造一般尺寸的重要零件。调质钢的最终热处理为淬火后高温回火（即调质处理），回火温度一般为500～650℃。热处理后的组织为回火索氏体。要求表面有良好耐磨性的，则可在调质后进行表面淬火或渗氮处理。表6-2列出了常用合金调质钢的牌号、热处理、力学性能与用途。

表6-2　常用合金调质钢的牌号、热处理、力学性能及用途

类别	牌号	化学成分 w（%）					热处理		力学性能					用途举例
		C	Si	Mn	Cr	其他	淬火温度/℃	回火温度/℃	R_m/MPa	R_{eL}/MPa	A（%）	Z（%）	A_K/J	
									不小于					
低淬透性	40Cr	0.37～0.44	0.17～0.37	0.50～0.80	0.80～1.10		850 油	520 水、油	980	785	9	45	47	重要的齿轮、轴、曲轴、套筒、连杆
	40Mn2	0.37～0.44	0.17～0.37	1.40～1.80			840 油	540 水、油	885	735	12	45	55	轴、半轴、涡杆、连杆等
	40MnB	0.37～0.44	0.17～0.37	1.10～1.40		B：0.0005～0.0035	850 油	500 水、油	980	785	10	45	47	可代替40Cr作小截面重要零件，如汽车万向节、半轴、蜗杆、花键轴
	40MnVB	0.37～0.44	0.17～0.37	1.10～1.40		B：0.0005～0.0035 V：0.05～0.10	850 油	520 水、油	980	785	10	45	47	可代替40Cr作柴油机缸头螺栓、机床齿轮、花键轴等

（续）

类别	牌号	化学成分 w（%）					热处理		力学性能					用途举例
		C	Si	Mn	Cr	其他	淬火温度/℃	回火温度/℃	R_m/MPa	R_{eL}/MPa	A（%）	Z（%）	A_K/J	
									不小于					
中淬透性	35CrMo	0.32～0.40	0.17～0.37	0.40～0.70	0.80～1.10	Mo：0.15～0.25	850油	550水、油	980	835	12	45	63	用作截面不大而要求力学性能高的重要零件，如主轴、曲轴、锤杆等
	30CrMnSi	0.27～0.34	0.90～1.20	0.80～1.10	0.80～1.10		880油	520水、油	1080	885	10	45	39	用作截面不大而要求力学性能高的重要零件，如齿轮、轴、轴套等
	40CrNi	0.37～0.44	0.17～0.37	0.50～0.80	0.45～0.75	Ni：1.00～1.40	820油	500水、油	980	785	10	45	55	用作截面较大、要求力学性能较高的零件，如轴、连杆、齿轮轴等
	38CrMoAl	0.35～0.42	0.20～0.45	0.30～0.60	1.35～1.65	Mo：0.15～0.25 Al：0.70～1.10	940水、油	640水、油	980	835	14	50	71	渗氮零件专用钢，用作磨床、自动车床主轴、精密丝杠、精密齿轮等
高淬透性	40CrMnMo	0.37～0.45	0.17～0.37	0.90～1.20	0.90～1.20	Mo：0.20～0.30	850油	600水、油	980	785	10	45	63	截面较大，要求强度高、韧性好的重要零件，如汽轮机轴、曲轴等
	40CrNiMo	0.37～0.44	0.17～0.37	0.50～0.80	0.60～0.90	Mo：0.15～0.25 Ni：1.25～1.65	850油	600水、油	980	835	12	45	78	截面较大，要求强度高、韧性好的重要零件，如汽轮机轴、叶片曲轴等
	25Cr2Ni4WA	0.21～0.28	0.17～0.37	0.30～0.60	1.35～1.65	W：0.80～1.20 Ni：4.00～4.50	850油	550水、油	1080	930	11	45	71	200mm以下，要求淬透的大截面重要零件

3. 合金弹簧钢

（1）用途与性能特点　合金弹簧钢是专用结构钢，主要用于制造弹簧等弹性元件。弹簧类零件应有高的弹性极限和屈强比，还应具有足够的疲劳强度和韧性。

（2）常用钢种及热处理特点　60Si2Mn是典型的合金弹簧钢。弹簧钢热处理一般是淬火后中温回火，获得回火托氏体组织。表6-3列出了常用合金弹簧钢的牌号、热处理、力学性能及用途。

表 6-3　常用合金弹簧钢的牌号、热处理、力学性能与用途

牌号	热处理		力学性能			应　用
	淬火温度/℃	回火温度/℃	R_{eL}/MPa	R_m/MPa	A（%）	
			不小于			
60Si2Mn	870 油	480	1177	1275	5	汽车、拖拉机、机车上的减振板簧和螺旋弹簧，气缸安全阀簧，电力机车用升弓钩弹簧，止回阀簧，还可用作 250℃以下使用的耐热弹簧
50CrVA	850 油	500	1128	1275	10	用作较大截面的高载荷重要弹簧及工作温度 <350℃的阀门弹簧、活塞弹簧、安全阀弹簧等
30W4Cr2VA	1050～1100 油	600	1324	1471	7	用作工作温度≤500℃的耐热弹簧，如锅炉主安全阀弹簧、汽轮机汽封弹簧等

4. 滚动轴承钢

（1）用途与性能特点　滚动轴承钢主要用于制造滚动轴承的内、外套圈以及滚动体，此外还可用于制造某些工具，例如模具、量具等。滚动轴承在工作时承受很大的交变载荷和极大的接触应力，受到严重的摩擦磨损，并受到冲击载荷的作用、大气和润滑介质的腐蚀作用，这就要求轴承钢必须具有高而均匀的硬度和耐磨性、高的接触疲劳强度、足够的韧性和对大气等的耐蚀能力。

（2）常用钢种及热处理特点　我国目前以铬轴承钢应用最广。最有代表性的是 GCr15。滚动轴承的最终热处理是淬火并低温回火，组织为极细的回火马氏体、均匀分布的细粒状碳化物及微量的残存奥氏体，硬度为 61～65HRC。表 6-4 列出了常用滚动轴承钢的牌号、化学成分、热处理及用途。

表 6-4　常用滚动轴承钢的牌号、化学成分、热处理及用途

牌号	热处理		回火后硬度 HRC	用途举例
	淬火温度/℃	回火温度/℃		
GCr9	810～830 水、油	150～170	62～64	直径 <20mm 的滚珠、滚柱及滚针
GCr9SiMn	810～830 水、油	150～160	62～64	壁厚 <12mm、外径 <250mm 的套圈，直径为 25～50mm 的钢球，直径 <22mm 的滚子
GCr15	820～840 水、油	150～160	62～64	与 GCr9SiMn 同
GCr15SiMn	820～840 水、油	150～170	62～64	壁厚≥12mm、外径大于 250mm 的套圈，直径 >50mm 的钢球，直径 >22mm 的滚子

6.3　汽车齿轮的选材和热处理

汽车齿轮普遍采用合金渗碳钢制造，并需经过一系列热处理过程获得所需使用性能。

6.3.1 渗碳钢的合金化

为了使汽车齿轮的表面强度高且耐磨，心部韧性高并具有较高的综合力学性能，应综合考虑合金化和热处理来达到零件的使用要求。渗碳钢的合金化应考虑以下因素。

1. 使钢具有适当的含碳量

渗碳钢基体中碳的质量分数影响渗碳件的心部强度，从而影响零件的力学性能。为了保持心部材料具有必要的强度和适宜的韧性，同时还应具有足够高的表层残留应力，渗碳钢的基体中碳的质量分数一般选择在0.15%~0.25%范围内。

2. 提高淬透性

保证渗碳钢心部组织和性能的核心是提高材料的淬透性。提高淬透性的常用合金元素有Cr、Mn、Ni、Mo、B等。Mo对淬透性的贡献大，且在高碳情况下更强烈；Cr、Mn、Ni等元素对心部和渗层的淬透性都有明显作用。

3. 渗层碳含量、深度和表层硬度

有效渗碳层深度会影响材料的疲劳极限。高的表层硬度对于抗磨损和抗疲劳都是极为重要的。对一般零件，渗碳层中碳的质量分数一般为0.8%~1.1%。若表层碳含量太高，碳化物量过多，易造成碳化物分布不均匀，使其呈粗大块状、针状或网状分布。Cr、Mo等元素加大渗碳层的深度，Ti减少渗碳层的深度。

4. 减少钢的过热敏感性，细化晶粒

通常可以加入较强的碳化物形成元素例如Ti、V、Mo、W等来实现。

5. 渗层中的表面氧化

在渗碳处理时，与氧亲和力大的元素发生氧化，其作用就像生成了表面裂纹，它以两种方式降低疲劳性能：一是氧化的晶界成为裂纹的萌生位置；二是合金元素的消耗，降低了淬透性，导致非马氏体组织的形成，减低表面残余压应力。Cr、Mo等元素可以减少晶界氧化，保持较高的残留压应力。

6. 过载抗力

抗过载能力可以用弯曲冲击断裂强度来衡量。材料的含Mo量越高，其冲击断裂强度越高；心部碳的质量分数提高，冲击断裂强度降低。

汽车齿轮主要分装在变速箱和差速器中，受力大、受冲击频繁，其耐磨性、疲劳强度、心部强度以及冲击韧性等均比机床齿轮要求高，一般用合金渗碳钢20Cr或20CrMnTi制造。

6.3.2 汽车齿轮热处理

汽车渗碳齿轮的工艺路线为：下料→锻造→正火→切削加工→渗碳、淬火及低温回火→喷丸→磨削加工。

热处理是机械制造过程中的重要工序。汽车齿轮的预备热处理目的是消除经过锻造的齿轮毛坯的内应力，细化晶粒，均匀组织，并改善切削加工性能，为淬火作好组织准备，一般在锻造之后、切削加工之前，可采用退火或正火作为预备热处理。由于变速器齿轮尺寸较小，且厚度较均匀，在正火、退火均可使用的前提下，为提高工作效率，宜选用正火作为预备热处理。

汽车齿轮的最终热处理包括各种表面热处理、淬火、回火等。汽车齿轮最终热处理之后，即可获得所需的力学性能，因零件硬度较高，除磨削加工之外不宜进行其他形式的切削加工，故最终热处理均安排在半精加工之后，磨削加工之前。根据汽车变速器齿轮的工作条件及失效形式，对变速器齿轮的技术条件要求是：齿轮根部 $R_m > 1000\mathrm{MPa}$，$a_K > 60\mathrm{J/cm^2}$；齿面硬度 58～64HRC，心部硬度 30～42HRC。其最终热处理工艺为：先渗碳，使表面碳含量增加，心部仍维持低的含碳量，保持心部较高的强度和冲击韧性；渗碳之后进行淬火和低温回火，使齿轮表面硬度达到高硬度要求，心部仍维持较高的韧性。

要注意热处理工艺特性对齿轮质量和寿命的影响。

（1）淬透性　淬透性的波动范围直接影响到齿轮的产品质量。淬透性过低，则制成的齿轮渗碳淬火后，心部硬度低于技术条件规定的数值，疲劳试验时，齿轮的疲劳寿命降低；若淬透性过高，则齿轮渗碳淬火后，内孔收缩量过大而影响齿轮装配。

（2）变形开裂倾向　齿轮在淬火时因加热或冷却速度太快，加热或冷却不均匀都可能造成工件变形甚至开裂。因此，设计齿轮时，在结构上应尽量避免尖角或厚薄断面的突然变化；淬火时，尽量选择冷却速度较慢的专用淬火油进行淬火。

（3）淬硬性　淬硬性主要取决于钢中的含碳量。含碳量越高，淬火后硬度越高。变速器齿轮通过渗碳使齿轮表面达到高的含碳量，淬火后使齿轮表面满足表面高硬度、高耐磨的特性，保证齿轮齿面有足够的使用寿命，不发生齿面点蚀和磨损。

习题与思考题

1. 说明下列钢中合金元素的作用：

20CrMnTi　20Cr　GCr15

2. 为什么合金渗碳钢一般采用低碳，合金调质钢采用中碳？

3. 指出下列每个牌号钢的类别、碳的质量分数、热处理工艺和主要用途：

Q345　20Cr　40Cr　20CrMnTi　2Cr13　GCr15　60Si2Mn

4. 为什么汽车变速齿轮常采用 20CrMnTi 钢制造，而机床上同样是变速齿轮却采用 45 钢或 40Cr 钢制造？

5. 试为下列机械零件或用品选择适用的钢种及牌号：

油气储罐　汽车齿轮　机床主轴　汽车发动机连杆　汽车发动机螺栓　汽车板簧　拖拉机轴承

6. 试举出几个你认为应是合金结构钢制造的零件。

项目七　车刀的选材——合金工具钢的应用

［问一问，想一想］：

车刀是一种高速切削工具，应选用什么材料制造？采用什么样的热处理工艺？

［学习目标］：

1）了解并分析车刀的工作条件。

2）重点了解合金工具钢的种类、牌号、性能与应用。

3）学会车刀的选材。

一般的工具，特别是一些手工工具大多采用碳素工具钢制作。但如果是高速切削的工具，如车床上使用的车刀，碳素工具钢就无法满足使用性能要求了，这时需要采用合金工具钢或其他硬度与热硬性更高的材料（硬质合金、陶瓷材料等）制造。

7.1　车刀的服役条件分析

7.1.1　车刀的工作条件

车刀的工作状态如图7-1所示。

在金属切削加工过程中，刀具切削部分的工作条件往往是十分恶劣的。它不但要承受很大的切削抗力和很高的切削温度，而且还要承受强烈的冲击载荷和机械摩擦。

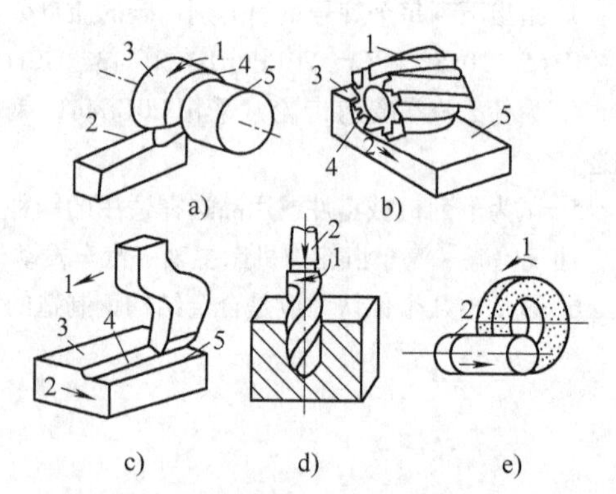

图7-1　刀具的工作状态示意图

a）车削　b）铣削　c）刨削　d）钻削　e）磨削

1—主运动　2—进给运动　3—待加工表面

4—过渡表面　5—已加工表面

7.1.2　车刀的失效分析

包括车刀在内的金属切削刀具常存在如下形式的失效：

（1）磨损　由于摩擦，刀具刃部易磨损，这不但增加了切削抗力，降低切削零件表面质量，也由于刃部形状变化，使被加工零件的形状和尺寸精度降低。

（2）断裂　刀具在冲击力及振动作用下折断或崩刃。

（3）刃部软化　由于刃部温度升高，若刀具材料的热硬性低或高温性能不足，使刃部硬度显著下降，丧失切削加工能力。

7.2　合金工具钢和高速工具钢

合金工具钢和高速工具钢与碳素工具钢相比，主要是合金元素提高了钢的淬透性、热硬性和强韧性。合金工具钢通常按用途分类，有量具刃具钢、耐冲击工具钢、冷作模具钢、热作模具钢、无磁工具钢和塑料模具钢。高速工具钢（简称高速钢）用于制造高速切削刃具，有锋钢之称。

1. 合金工具钢

（1）量具刃具钢

1）用途与性能特点：主要用于制造形状较复杂、截面尺寸较大的低速切削刃具，如车刀、铣刀、钻头等金属切削刀具。也用于制造如卡尺、千分尺、量块、样板等在机械制造过程中控制加工精度的测量工具。刃具切削时受切削力作用且切削发热，还要承受一定的冲击与振动，因此刃具钢要具有高强度、高硬度、高耐磨性、高的热硬性和足够的塑性与韧性。而量具在使用过程中主要受磨损，因此量具应该有较高的硬度和耐磨性、高的尺寸稳定性以及一定的韧性。

2）常用钢种及热处理特点：常用量具刃具钢的牌号、成分、热处理和用途列于表7-1。简单量具如卡尺、样板、直尺、量规等也多用T10A等碳素工具钢制造，一些模具钢和滚动轴承钢也可用来制造量具。刃具的最终热处理为淬火并低温回火。对量具在淬火后还应立即进行-70~-80℃的冷处理，使残存奥氏体尽可能地转变为马氏体，以保证量具尺寸的稳定性。

表7-1　常用量具刃具钢的牌号、成分、热处理和用途

牌号	化学成分 w_i（%）				试样淬火		退火状态 HBW≥	用途举例
	C	Mn	Si	Cr	淬火温度/℃	HRC≥		
Cr06	1.30~1.45	≤0.40	≤0.40	0.50~0.70	780~810 水	64	241~187	锉刀、刮刀、刻刀、刀片、剃刀
Cr2	0.95~1.10	≤0.40	≤0.40	1.30~1.65	830~860 油	62	229~179	车刀、插刀、铰刀、冷轧辊等
9SiCr	0.85~0.95	0.30~0.60	1.20~1.60	0.95~1.25	830~860 油	62	241~179	丝锥、板牙、钻头、铰刀、冲模等
9Cr2	0.85~0.95	≤0.40	≤0.40	—	820~850 油	62	217~179	尺寸较大的铰刀、车刀等刃具

（2）模具钢　制造模具的材料很多，非合金工具钢、高速钢、轴承钢、耐热钢等都可制作各类模具，用得最多的是合金工具钢。根据用途，模具用钢可分为冷作模具钢、热作模具钢和塑料模具钢。

1）用途与性能特点：冷作模具钢用于制作使金属冷塑性变形的模具，如冲模、冷镦模、冷挤压模等，工作温度不超过200~300℃。热作模具钢用于制作使金属在高温下塑变成形的模具，如热锻模、热挤压模、压铸模等，工作时型腔表面温度可达600℃以上。塑料模具钢主要用作塑料成形的模具。冷作模具在工作时承受较大的弯曲应力、压力、冲击及摩擦。因此冷作模具钢应具有高硬度、高耐磨性和足够的强度、韧性。这与对刃具钢的性能要求较为相似。热作模具的工作条件与冷作模具有很大不同。其在工作时承受很大的压力和冲击，并反复受热和冷却，因此要求热作模具钢在高温下具有足够的强度、硬度、耐磨性和韧性，以及良好的耐热疲劳性，即在反复的受热、冷却循环中，表面不易热疲劳（龟裂），还应具有良好的导热性及较高的淬透性。

2）常用钢种及热处理特点：尺寸较小的冷作模具可选用9Mn2V、CrWMn等，承受重负荷、形状复杂、要求淬火变形小、耐磨性高的大型模具，则必须选用淬透性大的高铬、高碳的Cr12型冷作模具钢或高速钢。常用的热作模具钢有5CrNiMo等。冷作模具钢的最终热处理一般是淬火后低温回火，硬度可达到62～64HRC。热作模具钢的最终热处理为淬火后高温（或中温）回火，组织为回火托氏体或回火索氏体，硬度在40HRC左右。常用的冷作模具钢牌号、化学成分、热处理及用途列于表7-2中。常用的热作模具钢的牌号、化学成分、热处理及用途列于表7-3中。部分塑料模具钢见表7-4。

表7-2　常用冷作模具钢的牌号、化学成分、热处理及用途

牌号	化学成分 w_i（%）							热处理		用途举例
	C	Si	Mn	Cr	W	Mo	V	淬火/℃	硬度 HRC≥	
Cr12	2.00～2.30	≤0.40	≤0.40	11.50～13.00				950～1000 油	60	冲模、冲头、钻套、量规、螺纹滚丝模、拉丝模等
Cr12MoV	1.45～1.70	≤0.40	≤0.40	11.00～12.50		0.40～0.60	0.15～0.30	950～1000 油	58	截面较大、形状复杂、工作条件繁重的各种冷作模具
9Mn2V	0.85～0.95	≤0.40	1.70～2.00				0.10～0.25	780～810 油	62	要求变形小、耐磨性高的量规、量块、磨床主轴等
CrWMn	0.90～1.05	≤0.40	0.80～1.10	0.90～1.20	1.20～1.60			800～830 油	62	淬火变形很小、长而形状复杂的切削刀具及形状复杂、高精度的冲模

表7-3　常用热作模具钢的牌号、化学成分、热处理及用途

牌号	化学成分 w_i/（%）							交货状态（退火）HBW	热处理	用途举例
	C	Si	Mn	Cr	W	Mo	V		淬火/℃	
5CrMnMo	0.50～0.60	0.25～0.60	1.20～1.60	0.60～0.90		0.15～0.30		197～241	820～850，油	中小型锤锻模（边长≤300mm）、小压铸模
5CrNiMo	0.50～0.60	≤0.40	0.50～0.80	0.50～0.80		0.15～0.30		197～241	830～860，油	形状复杂、冲击载荷大的各种大、中型锤锻模

（续）

牌号	化学成分 w_i/(%)							交货状态（退火）HBW	热处理	用途举例
	C	Si	Mn	Cr	W	Mo	V		淬火/℃	
3Cr2W8V	0.30～0.40	≤0.40	≤0.40	2.20～2.70	7.50～9.00		0.20～0.50	207～255	1075～1125，油	压铸模、平锻机凸模和凹模、镶块、热挤压模等
4CrW2VSi	0.32～0.42	0.80～1.20	≤0.40	4.50～5.50	1.60～2.40		0.60～1.00	≤229	1030～1050，油或空冷	高速锤用模具与冲头、热挤压模具、有色金属压铸模等

表7-4　常用塑料模具及其用钢

模具类型及工作条件	推荐用钢
中小模具、精度不高、受力不大、生产规模小的模具	45，40Cr，T10，10，20，20Cr
受磨损较大、受较大动载荷、生产批量大的模具	20Cr，12CrNi3，20Cr2Ni4，20CrMnTi
大型复杂的注射成型模具或挤压成形模具	4Cr5MoSiV，4Cr5MoSiV1，4Cr3Mo3SiV，5CrNiMnMoVSCa
热固性成形模具，高耐磨高强度的模具	9MnV，CrWMn，GCr15，Cr12，Cr12MoV，7CrSiMnMoV
耐腐蚀、高精度模具	2Cr13，4Cr13，9Cr18，Cr18MoV，3Cr2Mo，Cr14Mo4V，8Cr2MnWMoVS，3Cr17Mo
无磁模具	7Mn15Cr2Al3V2WMo

2. 高速工具钢

1）用途与性能要求：高速工具钢要求具有高强度、高硬度、高耐磨性以及足够的塑性和韧性。由于在高速切削时，其温度可高达600℃，因此要求此时其硬度仍无明显下降，要具有良好的热硬性。

2）常用钢种及热处理特点：通用型高速钢代表钢种有表7-5所示两种，在此基础上改变基本成分或添加Co、Al、RE等，派生出许多新钢种。近年又研制超硬型高速钢、粉末冶金高速钢及其他新的钢号，使用效果良好。高速钢的热处理特点主要是淬火加热温度高（1200℃以上），以及回火时温度高（560℃左右）、次数多（三次），硬度可达63～64HRC。

表7-5　常用高速工具钢的牌号、化学成分、热处理及硬度

种类	牌号	化学成分 w_i（%）						热处理			硬度		热硬性HRC
		C	Mn	W	Mo	V	其他	预热温度/℃	淬火温度/℃	回火温度/℃	退火HBW	淬火+回火HRC≥	
钨系	W18Cr4V	0.70～0.80	3.80～4.40	17.50～19.00	≤0.30	1.00～1.40	—	820～870	1270～1850	550～570	≤255	63	61.5～62
钨钼系	W6Mo5CrV2	0.95～1.05	3.80～4.40	5.50～6.75	4.50～5.50	1.75～2.20	—	730～840	1190～1210	540～560	≤255	65	—
	W6Mo5Cr4V2	0.80～0.90	3.80～4.40	5.50～6.75	4.50～5.50	1.75～2.20	—	730～840	1210～1230	540～560	≤255	64	60～61
	W6Mo5Cr4V3	1.10～1.20	3.80～4.40	6.00～7.00	4.50～5.50	2.80～3.30	—	840～850	1200～1240	540～560	≤255	64	64

（续）

种类	牌号	化学成分 w_i（%）						热处理			硬度		热硬性 HRC
		C	Mn	W	Mo	V	其他	预热温度/℃	淬火温度/℃	回火温度/℃	退火 HBW	淬火+回火 HRC≥	
超硬系	W13Cr4V2Co8	0.75~0.85	3.80~4.40	17.50~9.00	0.50~1.25	1.80~2.40	Co7.00~9.50	820~870	1270~1290	540~560	≤285	64	64
	W6Mo5Cr4V2Al	1.05~1.20	3.80~4.40	5.50~6.75	4.50~5.50	1.75~2.20	Al0.80~1.20	850~870	1220~1250	540~560	≤269	65	65

7.3 车刀的选材和热处理

7.3.1 车刀材料的性能分析

车刀的质量和寿命与其切削部分材料的性能有着密切的联系，为此，对车刀切削部分材料提出以下主要要求。

（1）高的硬度和高温硬度 刀具材料的硬度必须高于被加工材料的硬度。一般刀具的室温硬度应在60HRC以上。

高温硬度是指刀具材料加热到指定温度下所测定的硬度。刀具材料的高温硬度及其冷至室温后的硬度变化是衡量刀具材料性能的重要指标，基本决定了刀具的允许切削速度和刀具寿命。

（2）足够的强度和韧性 强度和韧性是指刀具材料承受切削抗力和抵抗冲击、振动而不损坏的能力。刀具具有足够的强度和韧性，可以提高切削能力，防止在切削过程中出现脆性断裂和崩刃现象。

（3）较高的耐磨性 耐磨性是指刀具抗摩擦磨损的性能。刀具材料应具有较高的耐磨性，以抵抗工件与切屑对刀具的磨损。刀具材料的耐磨性与刀具材料的硬度、强度和韧性以及物理化学性能等诸因素有关。一般讲硬度越高，耐磨性就越好。但耐磨性与硬度的含义不尽相同。两种刀具材料可以具有相同的硬度，而耐磨性能却可能相差很大。耐磨性还与材料基体组织的硬度，显微硬质点的种类、硬度、数量多少、大小和分布情况有关。同时，刀具材料与被加工材料的化学亲和力越小，耐磨性也越好。

（4）较高的热硬性 刀具的热硬性是指刀具材料在高温下仍能保持上述性能的能力，一般用热硬性温度来表示。刀具材料的热硬性越好，刀具所允许采用的切削速度就越高。这是评定刀具材料切削性能优劣的一项重要指标。

（5）较好的导热性能 切削过程中产生的热量，一部分是由刀刃经刀具导出的。刀具材料具有良好的导热性能，有助于降低切削温度和提高刀具寿命。

（6）良好的工艺性能 工艺性能包括有机械加工性能、热处理性能、锻造性能以及焊接性能等。工艺性能的好坏直接关系着刀具能否顺利地进行加工制造和加工经济性，这是决定刀具材料能否得到广泛应用的重要因素之一。

7.3.2　车刀的选材

目前常用的刀具材料有合金工具钢、高速钢、硬质合金和陶瓷等。高速钢是综合性能较好、应用范围最广泛的一种刀具材料。其抗弯强度高，韧性较好，热处理后硬度为 63 ~ 66HRC，容易磨出锋利的切削刃，故生产中常称为“锋钢”。其耐热性为 600 ~ 660℃左右，且具有较好的工艺性能，生产中车刀材料经常选择高速钢。

1. 高速钢

高速钢中合金含量很高，成分比较复杂。其中 C 和 W、Mo、Cr、V 是基本的合金元素。高速钢中碳的质量分数在 0.65% ~2.5% 范围内变动，与钢中的 W、Mo、Cr、V 等碳化物形成元素结合生成了不同类型的一次和二次碳化物，对钢的性能起到了关键作用。Co、Al 和 Si 是非碳化物形成元素，在高速钢中加 Co，可显著提高钢的硬度和耐热性能；加入 Si 能提高硬度；稀土元素可以显著改善钢的热塑性，提高成材率。高速钢中的其他合金元素还有 N、Mn、Nb、Ti、Zr、Hf 等，加入钢中都有其特定的作用。

（1）碳的作用　碳可以与合金元素结合生成多种类型的碳化物，在高温时，碳化物溶入基体之中，使基体在淬火后处于碳和合金元素的过饱和状态；在回火时可以产生很强的二次硬化效应，对钢的使用性能产生很大影响。

（2）钨的作用　钨是强碳化物形成元素，它的碳化物硬度很高，因此对钢的耐磨性起较大作用；并且钨对钢的二次硬化贡献很大；未溶入基体的碳化物能阻碍奥氏体晶粒长大，使钢的晶粒细小。含钨高的高速钢熔点较高，因此淬火时不易过热；热稳定性也较好，可进行热加工和热处理的温度范围较宽且脱碳敏感性较低。高钨钢的碳化物比较粗大，因此对钢的韧性产生了不良的影响。钨降低钢的导热性，因此在加热时必须缓慢升温。

（3）钼的作用　钼也是强碳化物形成元素，在高速钢中的作用与钨相似，对钢的二次硬化、耐磨性和晶粒细化等方面起重要作用。另外，钼的热稳定性不如钨，钼钢易过热，可进行热加工和热处理的温度范围较窄且脱碳敏感性较强。

（4）钒的作用　钒是高速钢中重要的不可替代的合金元素，它与碳的结合能力最强，它的碳化物的硬度和稳定性最高。钒的二次硬化能力很强；对钢的热硬性和耐热性能的提高也有较大的作用；高钒高速钢的切削能力较强，因此有“超高速钢”之称。但由于钒钢的硬度高，制造工具时不易磨削，磨削性能不好。

（5）铬的作用　在所有的高速钢中都含有质量分数约 4% 的铬。它是高速钢中的一个重要合金元素。对钢的二次硬化有重要作用。铬能提高高速钢的淬透性，使钢具有一定的抗大气腐蚀能力，对高速钢在高温加热时的抗氧化和抗脱碳等性能有明显的改善作用。

（6）钴的作用　钴能显著提高高速钢的切削性能，它对高速钢的作用主要有以下几点：能提高高速钢的二次硬化；能提高高速钢的耐热性、热硬性和高温硬度，使刀具的切削性能提高；提高高速钢的导热性，从而有助于提高刀具的切削能力。但钴增加了淬火后的脆性，使高速钢韧性降低。

2. 硬质合金

硬质合金是一种粉末冶金材料。将金属粉末与金属或非金属粉末（或纤维）混合，经过成型、烧结等过程制成零件或材料的工艺方法称为“粉末冶金”。用粉末冶金法可以制造如各种衬套和轴套齿轮、凸轮、含油轴承、摩擦片等机械零件。与一般零件生产方法相比，粉末冶金法具有少切削或无切削、材料利用率高、生产率高、成本低等优点。用粉末冶金法还可以制造一些具有特殊成分或具有特殊性能的制品，如硬质合金、难熔金属及其合金、金属陶瓷等。

硬质合金是将一些难熔的金属化合物粉末和粘结剂粉末混合加压成型，再经烧结而成的一种粉末冶金产品。由于切削速度的不断提高以及大量高硬度或高韧性材料的切削加工，不少刀具的刃部工作温度已超过700℃，一般高速工具钢很难胜任，而需要材料热硬性更高的硬质合金。硬质合金种类很多，目前常用的有金属陶瓷硬质合金和钢结硬质合金。

（1）金属陶瓷硬质合金　金属陶瓷硬质合金是将一些难熔的金属碳化物粉末（如WC、TiC等）和粘结剂（如Co、Ni等）混合，加压成型烧结而成，因其制造工艺与陶瓷相似而得名。碳化物是硬质合金的骨架，起坚硬而耐磨的作用；Co和Ni仅起粘结作用，使合金具有一定的韧性。硬质合金在室温下的硬度很高，可达69～81HRC，热硬性可高达1000℃左右，耐磨性优良。由于其硬度太高，性脆，不能进行切削加工，因而经常是先制成一定规格的刀片，再将其镶焊在刀体上使用。金属陶瓷硬质合金分为三类：钨钴类硬质合金、钨钴钛类硬质合金和万能硬质合金。钨钴类硬质合金由WC和Co组成，牌号用YG＋钴的质量分数（以百分之几计）表示，如YG3、YG6、YG8等。这类合金具有较高的强度和韧性，主要用于制造刀具、模具、量具、耐磨零件等。其刀具主要用来切削脆性材料，如铸铁和有色金属等。钨钴钛类硬质合金由WC、TiC和Co组成，牌号用YT＋TiC的质量分数（以百分之几计）表示，如YT5、YT15、YT30等。这类合金具有较高的硬度、耐磨性和热硬性，但强度和韧性低于钨钴类硬质合金。其刀具主要用来切削韧性材料，如各种钢。万能硬质合金由WC、TiC、TaC（或NbC）和Co组成，牌号用YW＋顺序号表示，如YW1、YW2等。其刀具既可用来加工各种钢，又可加工铸铁和有色金属。

（2）钢结硬质合金　其性能介于硬质合金与合金工具钢之间。这种硬质合金是以TiC、WC、VC粉末等为硬质相，以铁粉加少量的合金元素为粘结剂，用一般的粉末冶金法制造。它具有钢材的加工性，经退火后可进行切削加工，也可进行锻造和焊接，经淬火与回火后，具有相当于硬质合金的高硬度和高的耐磨性，适用于制造各种形状复杂的刀具，如麻化钻、铣刀等，也可以用作在较高温度下工作的模具和耐磨零件。

7.3.3 高速钢的热处理

高速钢车刀的生产工艺路线是：下料—锻造—退火—机械加工—淬火＋回火—喷砂—磨削加工—成品。

1. 退火

由于高速钢中有较高的碳含量和大量的合金元素，在冶金厂轧制或锻造以后，即使空冷的情况下，也会有较高的硬度并有较大锻造应力，因此必须退火软化处理，以利于后续机械加工，并为随后的淬火做组织准备。高速钢退火时，如果保温时间太长，会显著降低工具的使用寿命，因此选择合理的退火工艺规范非常重要。

2. 淬火

（1）预热　高速钢导热性差，工件不容易热透，淬火加热前必须进行预热，一般要进行两次预热，这有利于减少淬火的变形和开裂。

（2）淬火温度　高速钢淬火加热温度的选择，首先要考虑制造工具的高速钢的化学成分，同时也要考虑工具的种类和规格。淬火加热温度高，有利于碳化物充分溶入奥氏体，基体中的 C 和 W、Mo、Cr、V 等合金元素的含量升高，有利于提高淬火后形成的马氏体的耐磨性和热硬性。但如果温度过高，奥氏体晶粒会急剧长大，且晶界处容易熔化过烧。因此，对 W18Cr4V 钢其最佳淬火温度为 1280℃。

（3）保温时间　高速钢的保温时间通常以工具的有效厚度乘以加热系数来计算。工具的种类、规格不同，加热系数也应做相应调整。在实际生产大量装炉时，必须考虑到加热炉的类型、结构、功率、升温速度、工具的装卡方式、装量大小和预热情况等因素来确定最终的时间。高速钢淬火加热时要达到比较高的奥氏体化程度，淬火加热温度和保温时间都很重要，两者要综合考虑。

（4）冷却　从确保在冷却过程中碳化物不从奥氏体中析出、保证最好的合金化程度角度来说，应该是冷却速度越快越好；但从避免工具产生开裂和减少变形的角度来说，冷却速度越慢越好。在实际生产中，往往都是在保证淬火硬度的前提下，尽量缓慢冷却，以免产生废品。从高速钢使用寿命的角度，高速钢淬火冷却时，最好立即浸入冷却介质，中间停留会引起碳化物的析出，从而损害工具的耐磨性和热硬性。国内工具厂高速钢淬火多采用油淬或分级淬火。

3. 回火

为达到最佳的二次碳化物析出硬化效应，减少残留奥氏体量，消除残余应力，高速钢的回火温度通常选择在 560℃多次回火的方式，每次保温 1～1.5h。

W18Cr4V 钢的热处理过程如图 7-2 所示。

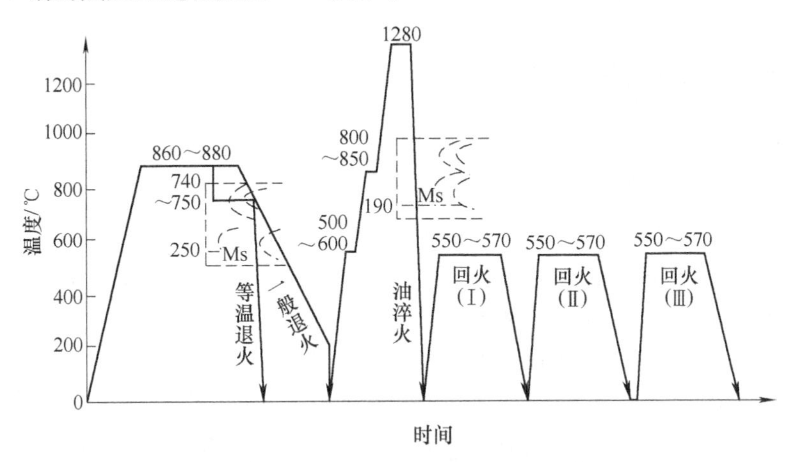

图 7-2　W18Cr4V 钢的热处理过程示意图

习题与思考题

1. 说明下列钢中合金元素的作用：

9SiCr、Cr12、3Cr2W8V、W18Cr4V

2. 比较冷作模具和热作模具工作条件和材料性能要求的不同特点。

3. 比较高速钢与硬质合金的各自特点。

4. 试为下列机械零件或用品选择适用的钢种及牌号：

板牙　高精度塞规　麻花钻头　大型冲模　胎模锻模　镜面塑料模具

5. 举出几个你认为应为合金工具钢制造的工具。

项目八　叶片的选材——特殊性能钢的应用

［问一问，想一想］：

叶片是汽轮机在高温工作环境下的重要零部件，其应选用什么材料制造？采用什么样的热处理工艺？

［学习目标］：

1）了解并分析汽轮机叶片的工作条件。

2）了解材料的化学性能。

3）重点了解特殊性能钢的种类、牌号、性能与应用。

4）学会叶片的选材。

叶片是汽轮机最重要的零件之一，它直接担负着将蒸汽的动能和热能转换成机械能的功能。叶片有动叶片和静叶片之分；动叶片安装在汽轮机转子的各级叶轮体上，与转子一起转动。静叶片则安装在隔板上，以使蒸汽流改变方向。

8.1　叶片的服役条件分析

8.1.1　叶片的工作条件

汽轮机及叶片的工作状态如图 8 - 1 所示。

叶片在高温运行工作过程中，动叶片与转子一起高速旋转，承受的各种应力比静叶片大得多，工作环境相对恶劣。动叶片主要受到以下几种应力的作用：

1）在高速旋转时，叶片、围带和拉肋的质量所产生的离心力引起的拉伸应力。

2）叶片重心偏离径向辐射线产生的弯曲应力。

3）蒸汽通过动叶片时，冲击叶片产生的弯应力和动应力。

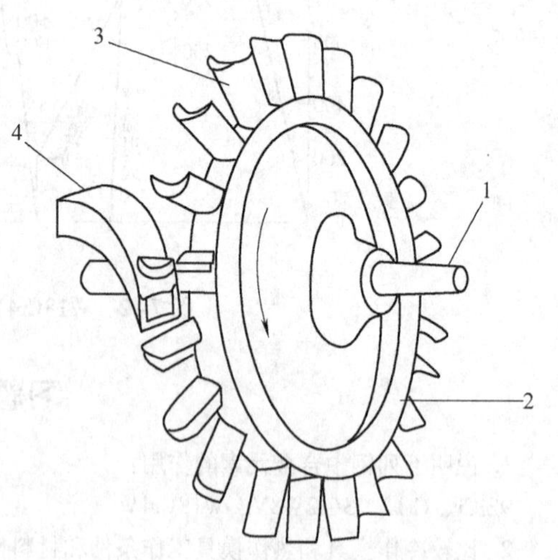

图 8 - 1　汽轮机工作原理图

1—轴　2—叶轮　3—动叶片　4—喷嘴

4）高温中叶片受到热应力的作用。高压、中压段的高温叶片除与转子一起高速旋转外，还承受高温、高压过热蒸汽作用，其工作温度均在 400℃以上。低压段动叶片，随着叶片尺寸的增大，其高速旋转的离心力和动应力将不断增加。而且叶片工作在湿蒸汽环境中，蒸汽中的微量氯离子等残留有害物质易沉积在叶片表面而产生腐蚀或应力腐蚀。

8.1.2　叶片的失效分析

动叶片的失效有以下几种可能。

1）应力腐蚀、疲劳和腐蚀疲劳。高速运转的叶片承受的是交变载荷，若叶片设计加工不当或装配质量不良，在受到各种频率的蒸汽流扰动作用以及运行周波改变的影响时，都可能使叶片因发生振动产生疲劳失效。汽轮机的调节级叶片就经常发生这种断裂事故。低压段叶片因处于湿蒸汽下运行，当蒸汽中含有某些活性阴离子并沉积在叶片表面上时，将使叶片表面的氧化膜发生破坏，使叶片表面出现腐蚀小坑，成为应力腐蚀、疲劳和腐蚀疲劳的裂纹源，导致叶片的断裂失效。

2）低压末级叶片的水蚀。低压蒸汽中含有的微小水滴撞击高速旋转的低压动叶片，使叶片表层金属产生塑性变形并最终被冲刷掉，在叶片的进气边产生水蚀，并且越向叶顶越严重。水蚀导致叶片的安全性下降、汽流变化及机组效率下降。

3）喷嘴、高温调节级叶片的固体颗粒冲蚀磨损。由锅炉管道和蒸汽导管剥落的氧化物颗粒在高压蒸汽作用下，高速冲击汽轮机的喷嘴和调节级叶片，而使叶片型面产生冲蚀磨损。冲蚀磨损将使汽轮机的效率降低，输出功率减少。

4）水击。若汽轮机末级隔板上的疏水结构不好，或疏水不良，使凝结水进入低压缸的蒸汽通道，一定尺寸的水珠冲击高速旋转的叶片，会使叶片产生严重变形，甚至导致叶片的断裂。

可以看出，像汽轮机叶片这样的零件在使用过程中除要求较强的力学性能外，还要有抗腐蚀等化学性能要求，有耐高温等特殊性能要求。

8.2　材料的化学性能

机械工程材料在特定条件下，不但要满足力学性能的要求，同时也要求具有一定的化学性能。尤其是要求耐腐蚀、耐高温的机械零件，更应重视其化学性能。

材料的化学性能是指材料在室温或高温下抵抗各种化学介质作用的能力，一般包括耐蚀性与高温抗氧化性等。所谓高温抗氧化并不是指高温下材料完全不被氧化，而是指材料在迅速氧化后，能在表面形成一层连续、致密并与基体结合牢固的钝化膜，从而阻止了材料的进一步氧化。总的来说，非金属材料的耐蚀性远高于金属材料。

在当前的机械行业中，金属材料仍占主导地位，金属的腐蚀既容易造成一些隐蔽性和突发性的严重事故，也损失了大量的金属材料。据有关资料介绍，全世界每年由于腐蚀而报废的金属设备和材料，约相当于全年金属产量的1/3。除此之外，因腐蚀而需要进行检修的费用，采取各种防腐措施的费用以及设备因腐蚀而停工减产的损失等就更为可观。因此，充分重视并认真研究金属腐蚀问题，采取合理有效的措施防止或减少腐蚀的发生，具有重要的实际意义。

8.2.1　金属腐蚀的基本过程

根据金属腐蚀过程的不同特点，金属腐蚀可分为化学腐蚀和电化学腐蚀两类。

1. 化学腐蚀

金属与周围介质（非电解质）接触时单纯由化学作用而引起的腐蚀叫做化学腐蚀。一般发生在干燥的气体或不导电的流体（润滑油或汽油）场合中。例如，金属和干燥气体 O_2、H_2S、SO_2 等相接触时，在金属表面上生成相应的化合物，如氧化物、硫化物、氯化物等，从而使金属零件因腐蚀而损坏。氧化是最常见的化学腐蚀，形成的氧化膜通过扩散逐渐加厚。温度越高，高温下加热时间越长，氧化损耗越严重。如果能形成致密的氧化膜（如铝和铬），就具有防护作用，能有效地阻止氧化继续向金属内部发展。在实际生产中，单纯地由化学腐蚀引起的金属损耗较少，更多的是电化学腐蚀。

2. 电化学腐蚀

金属与电解质溶液（如酸、碱、盐）构成原电池而引起的腐蚀，称为电化学腐蚀。在原电池中电极电位低的部分遭到腐蚀，并伴随电流的产生。如金属在海水中发生的腐蚀、地下金属管道在土壤中的腐蚀等均属于电化学腐蚀。金属的腐蚀绝大多数是由电化学腐蚀引起的，电化学腐蚀比化学腐蚀快得多，危害性也更大。引起电化学腐蚀的因素很多，诸如元素的化学性质、合金的化学成分、合金的组织、金属的温度与应力等都直接影响其抵抗电化学腐蚀的能力。

8.2.2 防止金属腐蚀的途径

为了提高金属的耐腐蚀能力，有以下主要途径：一是形成有保护作用的钝化膜；二是尽可能使金属保持均匀的单相组织，即无电极电位差；三是尽量减少两极之间的电极电位差，并提高阴极的电极电位，以减缓腐蚀速度。四是尽量不与电解质溶液接触，减小甚至隔绝腐蚀电流。

工程上经常采用的防腐蚀方法主要有：①选择合理的防腐蚀材料，如不锈钢；②采用覆盖法防腐蚀，如电镀、热镀、喷镀或采用油漆、搪瓷、涂料、合成树脂等防护；③改善腐蚀环境，如干燥气体封存；④电化学保护，如阴极保护法等。

8.3 特殊性能钢

特殊性能钢是指具有某些特殊的物理、化学、力学性能，因而能在特殊的环境、工作条件下使用的钢。工程中常用的特殊性能钢有不锈钢、耐热钢、耐磨钢等。

1. 不锈钢

（1）用途与性能特点　不锈钢通常是不锈钢和耐酸钢的统称。能够抵抗空气、蒸汽和水等弱腐蚀性介质腐蚀的钢为不锈钢；在酸、碱、盐等强腐蚀性介质中能够抵抗腐蚀的钢为耐酸钢。不锈钢主要用来制造在各种腐蚀介质中工作的零件或构件，例如化工装置中的各种管道、阀门和泵，医疗手术器械，防锈刃具和量具等。对不锈钢性能的要求，最重要的是耐蚀性能，还要有合适的力学性能，良好的冷、热加工和焊接工艺性能。不锈钢的耐蚀性要求越高，碳含量应越低。加入 Cr、Ni 等合金元素可提高钢的耐蚀性。

（2）常用钢种及热处理特点　Cr 不锈钢包括马氏体不锈钢和铁素体不锈钢两种类型。其中 Cr13 型不锈钢属马氏体不锈钢，可淬火获得马氏体组织，热处理是淬火和回火。当含 Cr 量较高时，Cr 不锈钢的组织为单相铁素体，如 1Cr17 钢，其耐蚀性优于马氏体不锈钢，通常在退火状态下使用。CrNi 不锈钢经 1100℃ 水淬固溶处理，在常温下呈单相奥氏体组织，故又称奥氏体不锈钢。奥氏体不锈钢无磁性，耐蚀性优良，塑性、韧性、焊接性优于别的不锈钢，是应用最为广泛的一类不锈钢。由于奥氏体不锈钢固态下无相变，所以不能热处理强化。冷变形强化是有效的强化方法。常用不锈钢的牌号、成分、性能及主要用途见表 8-1。

表 8-1　常用不锈钢的牌号、成分、性能及主要用途

类别	钢号	化学成分（%）					热处理	力学性能					特性及用途
		w_C	w_{Cr}	w_{Ni}	w_{Ti}	$w_{其他}$		R_m/MPa	R_{eL}/MPa	A（%）	Z（%）	HRC	
马氏体型	1Cr13	0.08~0.15	12~14				1000~1050℃油或水淬 700~790℃回火	≥600	≥420	≥20	≥60		制作能抗弱腐蚀性介质、能受冲击载荷的零件，如汽轮机叶片、水压机阀、结构架、螺栓、螺母等
	2Cr13	0.16~0.24	12~14				1000~1050℃油或水淬 700~790℃回火	≥660	≥450	≥16	≥55		
	3Cr13	0.25~0.34	12~14				1000~1050℃油淬 200~300℃回火					48	制作较高硬度和耐磨性的医疗工具、量具、滚珠轴承等
	4Cr13	0.35~0.45	12~14				1000~1050℃油淬 200~300℃回火					50	
	9Cr18	0.90~1.00	17~19				950~1050℃油淬 200~300℃回火					55	不锈切片机械刃具、剪切刃具、手术刀、高耐磨、耐蚀件
铁素体型	1Cr17	≤0.12	16~18				750~800℃空冷	≥400	≥250	≥20	≥50		制作硝酸工厂设备，如吸收塔，热交换器、酸槽、输送管道以及食器工厂设备等
奥氏体型	0Cr18Ni9	≤0.08	17~19	8~12			1050~1100℃水淬（固溶处理）	≥500	≥180	≥40	≥60		具用良好的耐蚀及耐晶间腐蚀性能，为化学工业用的良好耐蚀材料
	1Cr18Ni9	≤0.14	17~19	8~12			1100~1150℃水淬（固溶处理）	≥560	≥200	≥45	≥60		制作耐硝酸、冷磷酸、有机酸及盐、碱溶液腐蚀的设备零件
	0Cr18Ni9Ti 1Cr18Ni9Ti	≤0.08 ≤0.12	17~19 17~19	8~11 8~11	5×(w_C-0.02)~0.85×(w_C-0.02)~0.8		1100~1150℃水淬（固溶处理）	≥560	≥200	≥40	≥55		耐酸容器及设备衬里，输送管道等设备和零件，抗磁仪表，医疗器械，具有较好的耐晶间腐蚀性
奥氏体铁素体型	1Cr21Ni5Ti	0.09~0.14	20~22	4.8~5.8	5×(w_C-0.02)~0.8		950~1100℃水或空淬	≥600	≥350	≥20	≥40		硝酸及硝铵工业设备及管道，尿素液蒸发部分设备及管道
	1Cr18Mn10Ni5Mo3N	≤0.10	17~19	4~6		Mo2.8~3.5 N0.2~0.3	1100~1150℃水淬	≥700	≥350	≥45	≥65		尿素及尼龙生产的设备及零件，其他化工、化肥等部门的设备及零件

2. 耐热钢

(1) 用途与性能特点　耐热钢主要用于热工动力机械(汽轮机、燃气轮机、锅炉和内燃机)、化工机械、石油装置和加热炉等高温条件工作的构件。对这类钢主要要求其耐热性要好。钢的耐热性是指高温抗氧化性和高温强度的综合性能。此外还应有适当的物理性能,如热胀系数小和良好的导热性,以及较好的加工工艺性能等。

(2) 常用钢种及热处理特点　耐热钢按性能和用途可分为抗氧化钢和热强钢两类。抗氧化钢主要用于长期在燃烧环境中工作、有一定强度的零件,如各种加热炉底板,辊道、渗碳箱、燃气轮机燃烧室等。热强钢的特点是在高温下不仅有良好的抗氧化能力,而且有较高的高温强度及较高的高温强度保持能力。例如汽轮机、燃气轮机的转子和叶片、内燃机的排气阀等零件。长期在高温下承载工作,即使所受应力小于材料的屈服极限,也会缓慢而持续地产生塑性变形,这种塑性变形称为蠕变,最终将导致零件断裂或损坏。表 8-2 列举了几种常用耐热钢的牌号、热处理、力学性能及用途。

表 8-2　常用耐热钢的牌号、热处理、力学性能及用途

类别	牌号	使用温度/℃		用途举例
		抗氧化性	热强性	
抗氧化钢	1Cr13Si13	900		制造各种承受应力不大的炉用构件,如喷嘴、炉罩、托架、吊挂等
	3Cr18Ni25Si2	1100		制造热处理炉内构件
热强钢	15CrMo	350~600	350~600	用作动力、石油部门的锅炉及管道材料
	4Cr10Si2Mo	850	650	内燃机气阀,加热炉构件
	4Cr9Si2	850	650	内燃机气阀,加热炉构件
	1Cr18Ni9Ti	850	650	高压锅炉的过热器,化工高压反应釜,喷气发动机尾喷管
	4Cr14Ni14W2Mo	850	750	内燃机排气阀

3. 耐磨钢

(1) 用途与性能特点　耐磨钢主要用于在运转过程中承受严重磨损和强烈冲击的零件,如铁路道岔、坦克履带、挖掘机铲齿等构件。这类零件用钢应具有表面硬度高、耐磨,心部韧性好、强度高的特点。

(2) 常用钢种及热处理特点　高锰钢 ZGMn13 是目前最重要的耐磨钢,其成分特点是高锰、高碳,经固溶化处理可获得单相奥氏体组织。当工作中受到强烈的挤压、撞击、摩擦时,钢件表面迅速产生剧烈的加工硬化,获得耐磨层,而心部仍保持原来的组织和高韧性状态。

8.4　叶片的选材和热处理

叶片基本上都使用12% Cr 马氏体不锈钢,如1Cr13。这种马氏体不锈钢加工性能好,成本低,吸振能力强,并且可以通过改进锻造、热处理等工艺措施,使其强韧性满足叶片设计

要求。

汽轮机叶片用钢采用电炉冶炼+电渣重熔，大大减少了钢中的夹杂物，电渣锭再经充分的锻造使其中的疏松、偏析等缺陷在锻造过程中得到改善，从而使叶片毛坯性能热处理后满足技术条件的要求。

其热处理通常包括锻后热处理和调质热处理。锻后热处理的目的是为了改善组织，降低硬度和去除锻造应力，为随后的调质热处理做好准备。锻后热处理根据不同的材质采用不同的热处理工艺，通常采用高温退火或高温回火。叶片用钢经过淬火+高温回火的调质热处理，组织为回火索氏体，其综合力学性能好，耐蚀性也较好。

12% Cr 型叶片钢的淬火温度一般控制为 950～1050℃。其选择原则是既要保证获得均匀奥氏体组织，使 $Cr_{23}C_6$ 型碳化物得到充分溶解，又要避免产生高温铁素体。该类叶片钢的淬火温度主要受 C、Cr、W、Mo 等合金元素的影响，若淬火温度低，碳化物溶解不充分，将使材料的强度性能偏低；若淬火温度超过正常的淬火温度，将使钢的晶粒粗大，铁素体量增多，降低钢的塑性和韧性。由于 12% Cr 型叶片钢铬含量高，等温转变图右移，临界淬火速度小，小型零件空冷淬火即可。大型零件为使奥氏体充分转变成马氏体，多采用油淬。

由于 12% Cr 型钢的淬火马氏体组织中，固溶了碳及大量的合金元素，具有较大的内应力，为了防止产生裂纹，淬火后必须及时进行回火处理，淬火后放置的时间一般应在 8h 以内。经不同的回火温度处理后，其组织、性能也随之变化。200～350℃低温回火时，淬火马氏体中析出少量的碳化物，并消除了部分内应力，其组织转变为回火马氏体。此时钢不仅仍保持高的强度和硬度，并因析出的碳化物不多，大量的铬元素仍保留在固溶体中，钢的耐磨性较好，但塑性和韧性低。在 400～550℃中温回火处理时，组织中析出弥散度很高的碳化物，使钢出现回火脆性，冲击韧度极低；600～750℃高温回火时，组织转变为回火索氏体。经高温回火处理后，综合力学性能良好。回火后一般都采用空气冷却。

如图 8-2 所示为回火温度对 Cr13 型钢硬度和冲击韧度的影响。表 8-3 和表 8-4 分别为动叶片及静叶片的热处理工艺及力学性能要求。

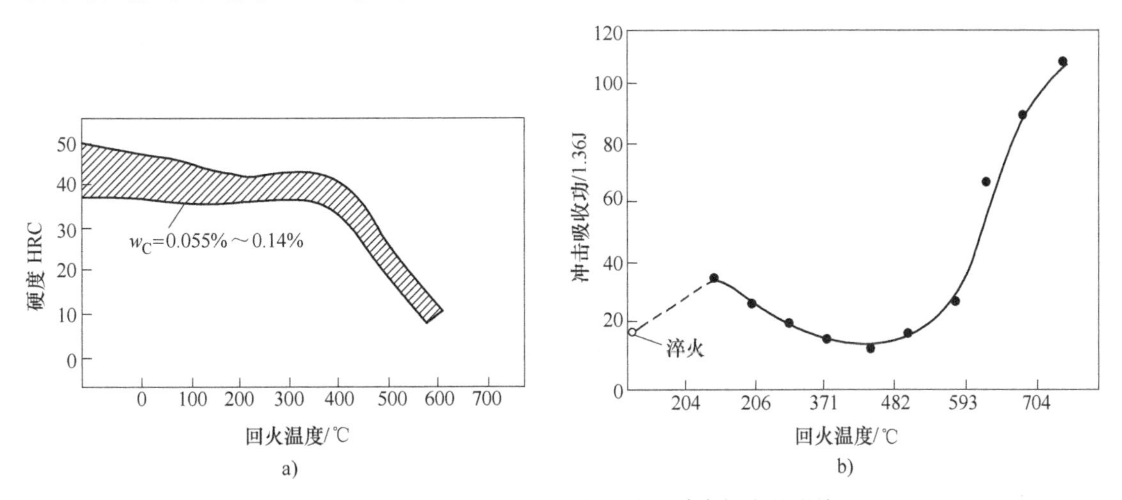

图 8-2　回火温度对 Cr13 型钢硬度和冲击韧度的影响

表 8-3 动叶片材料的热处理工艺和力学性能要求

牌号	热处理/℃				R_m/MPa	R_{eL}/MPa	A (%)	Z (%)	A_K/J	HBW
	退火	回火	调质							
			淬火	回火						
1Cr13	800~900 缓冷	700~770 快冷	950~1000 油	700~750 空	≥540	≥345	≥25	≥55	≥78	≥159

表 8-4 静叶片材料的常用热处理工艺和力学性能要求

牌号	热处理/℃		R_m/MPa	R_{eL}/MPa	A (%)	Z (%)	A_K/J	HBW
	退火	回火						
1Cr13	980~1020 油淬	680~720 空冷	≥618	≥441 ≥353	≥20	≥60	≥49	192~235 187~229

习题与思考题

1. 工程上经常采用的防腐蚀方法主要那些?
2. 说明下列钢中合金元素的作用:

1Cr13　4Cr9Si2　1Cr18Ni9Ti

3. 试为下列机械零件或用品选择适用的钢种及牌号:

硝酸槽　手术刀　内燃机气阀　大型粉碎机颚板

4. 试举出几个你认为应用特殊性能钢制造的部件。

项目九　箱体的选材——铸铁的应用

[问一问，想一想]：

箱体应选用什么材料制造？采用什么样的热处理工艺？

[学习目标]：

1）了解并分析机床溜板箱箱体的工作条件。

2）重点了解铸铁以及铸钢的种类、牌号、性能与应用。

3）学会箱体的选材。

机床溜板箱箱体是机床的基础零件之一，按照变速、换向等传动要求，箱体内装有轴和轴承、齿轮、离合器等。

9.1　箱体的服役条件分析

机床溜板箱箱体如图 9-1 所示。

箱体在机器构件中主要起到支撑其他零部件、并充当其他零部件的外壳作用。箱体零件在使用过程中承受压应力及程度不同的摩擦和振动。机器构件中的主轴箱、进给箱、溜板箱、内燃机的缸体等，都可视为箱体类零件。箱体大都结构复杂，但受力不大，工作条件并不复杂，一般多用铸造的方法生产出来，故几乎箱体都是由铸造合金浇注而成。

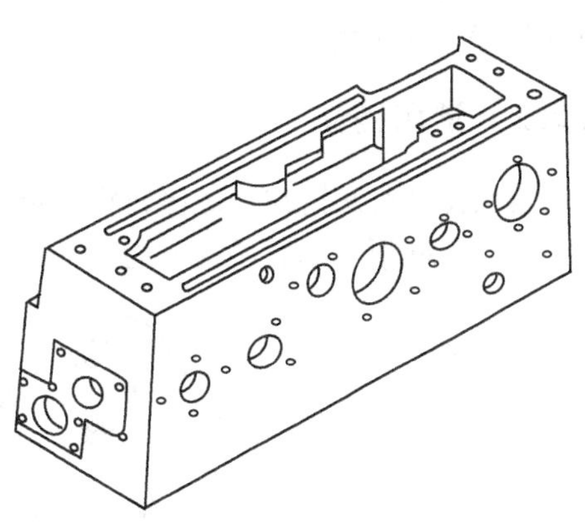

图 9-1　机床溜板箱箱体示意图

9.2　铸铁

9.2.1　铸铁的石墨化

铸铁中的碳除极少量固溶于铁素体以外，大部分碳以两种形式存在；一是碳化物状态，如渗碳体（Fe_3C）及合金铸铁中的其他碳化物；二是游离状态，即石墨（以 G 表示）。石墨的晶格类型为简单六方晶格，如图 9-2 所示，其基面中的原子结合力较强；而两基面之间的结合力弱，故石墨的基面很容易滑动，其强度、硬度、塑性和韧性极低，常呈片状形态存在。

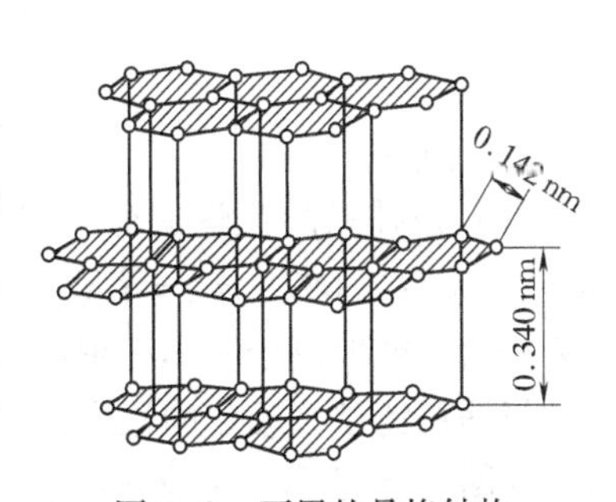

图 9-2　石墨的晶格结构

铸铁组织中石墨的形成过程称之为石墨化过程。铸铁的石墨化可以有两种方式：一种是石墨直接从液态合金和奥氏体中析出，另一种是渗碳体在一定条件下分解出石墨。铸铁的组织取决于石墨化过程进行的程度，而影响石墨化的主要因素是铸铁的化学成分和冷却速度。

碳与硅是强烈促进石墨化的元素。铸铁的碳、硅含量越高，石墨化进行的越充分。硫是强烈阻碍石墨化的元素，并降低铁液的流动性，使铸铁的铸造性能恶化，其含量应尽可能降低。锰也是阻碍石墨化的元素。但它和硫有很大的亲和力，在铸铁中能与硫形成 MnS，减弱硫对石墨化的有害作用。

冷却速度对铸铁石墨化的影响也很大。冷却越慢，越有利于石墨化的进行。冷却速度受造型材料、铸造方法及铸件壁厚等因素的影响。例如，金属型铸造使铸铁冷却快，砂型铸造冷却较慢；壁薄的铸件冷却快，壁厚的冷却慢。图 9-3 表示化学成分（C + Si）和冷却速度（铸件壁厚）对铸铁组织的综合影响。从图中可以看出，对于薄壁铸件，容易形成白口铸铁组织。要得到灰铸铁组织，应增加铸铁的碳、硅含量。相反，厚大的铸件，为避免得到过多的石墨，应适当减少铸铁的碳、硅含量。

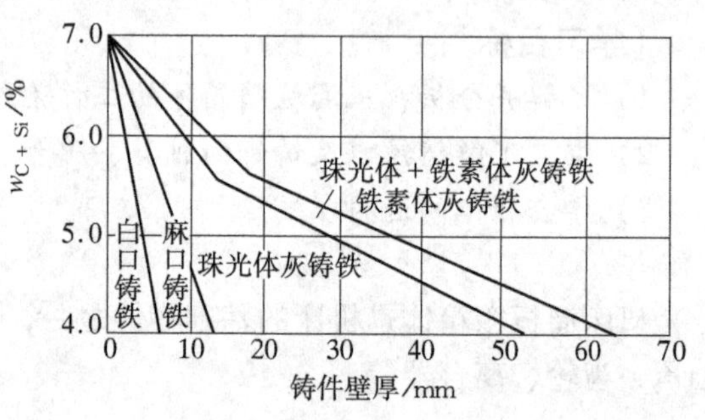

图 9-3　铸铁的成分和冷却速度对铸铁组织的影响

9.2.2　常用铸铁

常用铸铁有灰铸铁、球墨铸铁、可锻铸铁和蠕墨铸铁，它们的组织形态都是由某种基体组织加上不同形态的石墨构成的。铸铁中不同形态的石墨组织如图 9-4 所示。

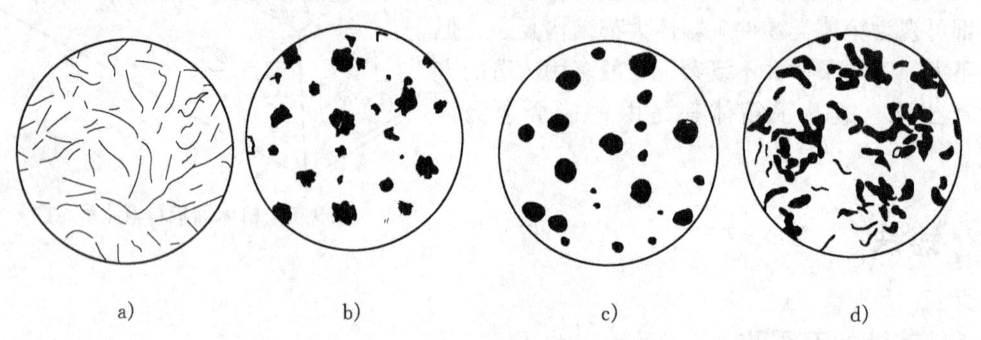

图 9-4　铸铁中石墨形态示意图

a）片状　b）团絮状　c）球状　d）蠕虫状

1. 灰铸铁

（1）灰铸铁的化学成分、组织和性能　目前生产中，灰铸铁的化学成分范围一般为：$w_C = 2.5\% \sim 3.6\%$，$w_{Si} = 1.0\% \sim 2.5\%$，$w_P \leqslant 0.3\%$，$w_{Mn} = 0.5\% \sim 1.3\%$，$w_S \leqslant 0.15\%$。灰铸铁的性能取决于基体组织和石墨的数量、形状、大小及分布状态。

根据灰铸铁石墨化的程度，可有三种不同的基体组织：铁素体、珠光体—铁素体、珠光体，如图 9-5 所示。铁素体基体强度、硬度低，珠光体基体强度、硬度较高。当石墨状态相同时，基体组织珠光体的量越多，铸铁的强度越高。由此可见，灰铸铁的组织相当于在钢的基体上分布着片状石墨。由于石墨的强度很低，就相当于在钢基体中有许多孔洞和裂纹，破坏了基体的连续性，并且在外力作用下，裂纹尖端处容易引起应力集中，而产生破坏。因此灰铸铁的抗拉强度、疲劳强度都很差，塑性、冲击韧度几乎为零。当基体组织相同时，其石墨越多、片越粗大、分布越不均匀，铸铁的抗拉强度和塑性越低。由于片状石墨对灰铸铁性能的决定性影响，即使基体的组织从珠光体改变为铁素体，也只会降低强度而不会增加塑性和韧性。因此珠光体灰铸铁得到广泛应用。

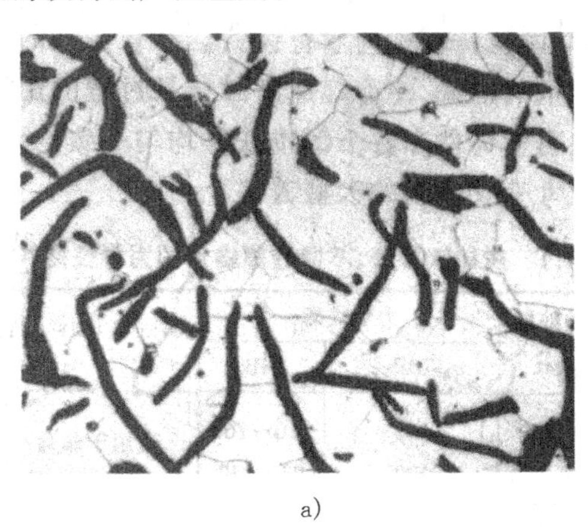

a)

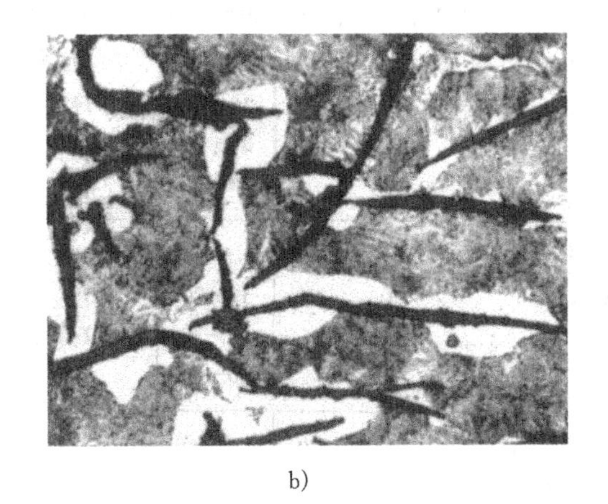

b)

c)

图 9-5　灰铸铁的显微组织

a）铁素体灰铸铁　b）铁素体 + 珠光体灰铸铁　c）珠光体灰铸铁

石墨虽然降低了铸铁的力学性能，但却使铸铁获得了许多钢所不及的优良性能。例如，由于石墨本身的润滑作用，以及它从铸铁表面脱落后留下的孔洞具有储存润滑油的能力，故铸铁又有良好的减摩性；由于石墨组织松软，能够吸收震动，因而铸铁也有良好的减震性。另外石墨相当于零件上的许多小缺口，使工件加工形成的切口作用相对减弱，故铸铁的缺口敏感性低。铸铁在切削加工时，石墨的润滑和断屑作用使灰铸铁有良好的切削加工性；灰铸铁的熔点比钢低，流动性好，凝固过程中析出了比体积较大的石墨，减小了收缩率，故具有良好的铸造工艺性，能够铸造形状复杂的零件。

（2）灰铸铁的牌号及用途　灰铸铁的牌号以“HT”和其后的一组数字表示。其中“HT”表示灰铁二字的汉语拼音字首，其后一组数字表示直径30mm试棒的最小抗拉强度值。灰铸铁的牌号、力学性能及用途如表9-1所示。

表9-1　灰铸铁牌号、不同壁厚铸件的力学性能和用途

牌号	铸件类别	铸件壁厚/mm	力学性能		适用范围及举例
			R_m/MPa	HBW	
HT100	铁素体灰铸铁	2.5~10	130	110~166	低载荷和不重要零件，如盖、外罩、手轮、支架、重锤等
		10~20	100	93~140	
		20~30	90	87~131	
		30~50	80	82~122	
HT150	珠光体+铁素体灰铸铁	2.5~10	175	137~205	承受中等应力（抗弯应力小于100MPa）的零件，如支柱、底座、齿轮箱、工作台、刀架、端盖、阀体、管路附件及一般无工作条件要求的零件
		10~20	145	119~179	
		20~30	130	110~166	
		30~50	120	105~157	
HT200	珠光体灰铸铁	2.5~10	220	157~236	承受较大应力（抗弯应力小于300MPa）和较重要零件，如气缸体、齿轮、机座、飞轮、床身、缸套、活塞、刹车轮、联轴器、齿轮箱、轴承座、液压缸等
		10~20	195	148~222	
		20~30	170	134~200	
		30~50	160	129~192	
HT250		4.0~10	270	175~262	
		10~20	240	164~247	
		20~30	220	157~236	
		30~50	200	150~225	
HT300	孕育铸铁	10~20	290	182~272	承受弯曲应力（小于500MPa）及拉伸应力的重要零件，如齿轮、凸轮、车床卡盘、剪床和压力机的机身、床身、高压油压缸、滑阀壳体等
		20~30	250	168~251	
		30~50	230	161~241	
HT350		10~20	340	199~298	
		20~30	290	182~272	
		30~50	260	171~257	

（3）灰铸铁的孕育处理　为了改善灰铸铁的组织和力学性能，生产中常采用孕育处理，即在浇注前向铁液中加入少量孕育剂（如硅铁、硅钙合金等），改变铁液的结晶条件，从而得到细小均匀分布的片状石墨和细小的珠光体组织。经孕育处理后的灰铸铁称为孕育铸铁。孕育铸铁的强度有较大的提高，塑性和韧性也有改善，一般用于制造力学性能要求较高、截面尺寸变化较大的大型铸件。

（4）灰铸铁的热处理　由于热处理只能改变灰铸铁的基体组织，不能改变石墨的形状、大小和分布，故灰铸铁的热处理一般只用于消除铸件内应力和白口组织、稳定尺寸、提高工件表面的硬度和耐磨性等。消除白口组织的退火是将铸件加热到850~950℃，保温2~5h，然后随炉冷却到400~500℃，出炉空冷，使渗碳体在高温和缓慢冷却中分解，用以消除白口，降低硬度，改善切削加工性。为了提高某些铸件的表面耐磨性，常采用表面淬火等方法，使工作面（如机床导轨）获得细马氏体基体+石墨组织。

2. 球墨铸铁

球墨铸铁是将铁液经过球化处理而得到的。球墨铸铁的基体组织上分布着球状石墨，由于球状石墨对基体组织的割裂作用和应力集中作用很小，所以球墨铸铁力学性能远高于灰铸铁，而且石墨球越圆整、细小、均匀则力学性能越高，在某些性能方面甚至可与碳钢相媲美。球墨铸铁同时还具有灰铸铁的减震性、耐磨性和低的缺口敏感性等一系列优点。

在生产中经退火、正火、调质处理、等温淬火等不同的热处理，球墨铸铁可获得不同的基体组织：铁素体、珠光体+铁素体、珠光体和贝氏体，如图9-6所示。

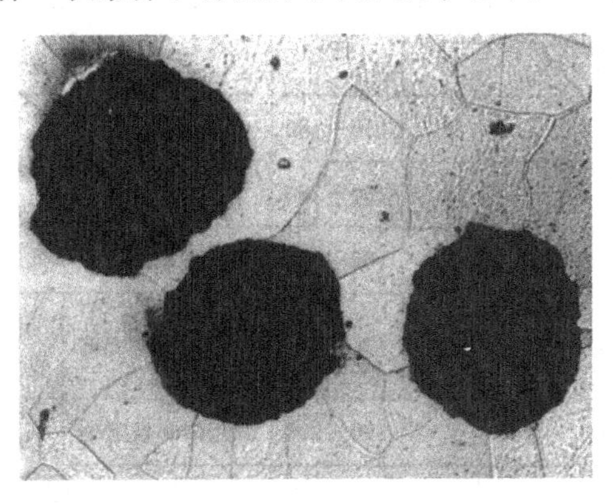

a)

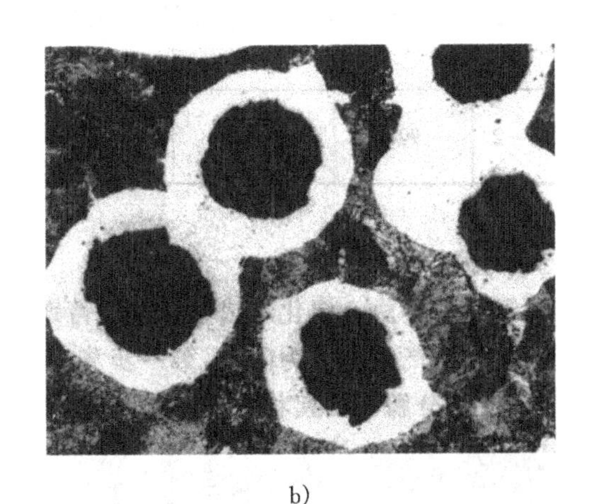

b)

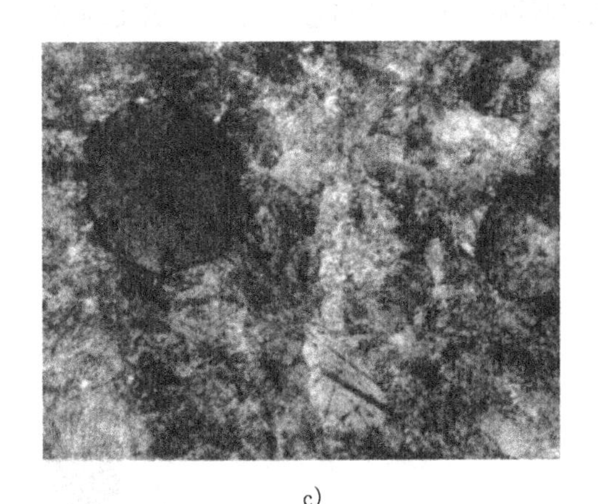

c)

图9-6　球墨铸铁的显微组织

a）铁素体球墨铸铁　b）珠光体球墨铸铁　c）铁素体+珠光体球墨铸铁

球墨铸铁的牌号用“QT”及其后的两组数字表示。其中“QT”表示球铁二字的汉语拼音字首，后面的两组数字分别表示最低抗拉强度和最低断后伸长率。各种球墨铸铁的牌号、力学性能和用途举例，见表9-2。

表 9-2 球墨铸铁的牌号、力学性能和用途

牌号	主要基体组织	R_m/MPa	$R_{r0.2}$/MPa	A（%）	HBW	用途
		不小于				
QT400-18	铁素体	400	250	18	130~180	制造汽车的牵引框及驱动桥、差速器、减速器壳体
QT400-15	铁素体	400	250	15	130~180	
QT450-10	铁素体	450	310	10	160~210	制造机车车辆轴瓦、阀门体、油泵齿轮、气缸隔板等
QT500-7	铁素体+珠光体	500	320	7	170~230	
QT600-3	珠光体+铁素体	600	370	3	190~270	制造柴油机和汽油机的凸轮轴、气缸盖、连杆、排气门座、曲轴、缸体等
QT700-2	珠光体	700	420	2	220~305	
QT800-2	珠光体或回火组织	800	480	2	245~335	
QT900-2	贝氏体或回火马氏体	900	600	2	280~360	制造凸轮轴、减速齿轮等

3. 可锻铸铁

可锻铸铁是由一定化学成分的白口铸铁通过可锻化退火而获得的具有团絮状石墨的铸铁。可锻铸铁的生产过程分为两步，第一步先铸成白口铸铁件，第二步再经高温长时间的可锻化退火，使渗碳体分解出团絮状石墨。可锻铸铁可分为黑心（铁素体）可锻铸铁和珠光体可锻铸铁两种类型，如图 9-7 所示。可锻铸铁生产过程较为复杂，退火时间长，生产率低、能耗大、成本较高。近年来，不少可锻铸铁件已被球墨铸铁件代替。但可锻铸铁韧性和耐蚀性好，适宜制造形状复杂、承受冲击的薄壁铸件及在潮湿环境中工作的零件，与球墨铸铁相比具有质量稳定、铁液处理简易、易于组织流水线生产等优点。

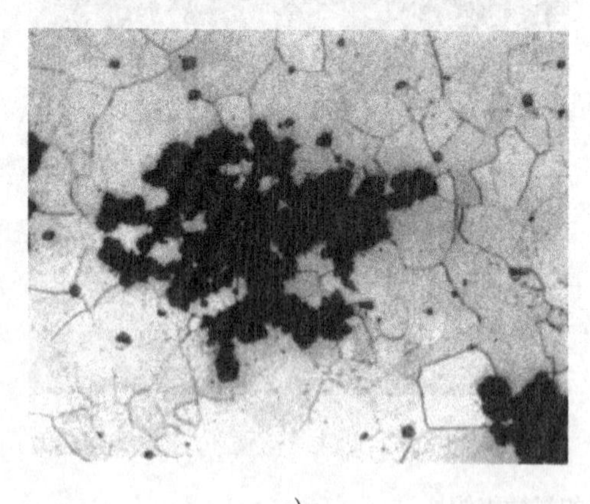
a)

b)

图 9-7 可锻铸铁的显微组织
a）铁素体可锻铸铁 b）珠光体可锻铸铁

可锻铸铁的牌号用“KTH”、“KTZ”和后面的两组数字表示。其中“KT”是“可铁”两字的汉语拼音字首，两组数字分别表示最低抗拉强度和最低断后伸长率。常用可锻铸铁的牌号、性能及用途如表 9-3 所示。

表 9-3　黑心可锻铸铁和珠光体可锻铸铁的牌号、性能及用途

牌号	试样直径 d/mm	R_m/MPa	$R_{r0.2}$/MPa	A（%）	HBW	用　途
		不小于				
KTH300-06 KTH330-08 KTH350-10 KTH370-12	12 或 15	300 330 350 370	— — 200 —	6 8 10 12	≤150	用于制造管道配件、低压阀门，汽车、拖拉机的后桥外壳、转向机构、机床零件等
KTZ450-06 KTZ550-04 KTZ650-02 KTZ700-02	12 或 15	450 550 650 700	270 340 430 530	6 4 2 2	150~200 180~230 210~260 240~290	用于制造强度要求较高、耐磨性较好的铸件，如齿轮箱、凸轮轴、曲轴、连杆、活塞环等

4. 蠕墨铸铁

蠕墨铸铁是近十几年来发展起来的新型铸铁。它是在一定成分的铁液中加入适量的蠕化剂，获得石墨形态介于片状与球状之间，形似蠕虫状石墨的铸铁，其显微组织如图 9-8 所示。蠕墨铸铁的牌号用“RuT”加抗拉强度数值，例如 RuT340。各牌号蠕墨铸铁的主要区别在于基体组织。

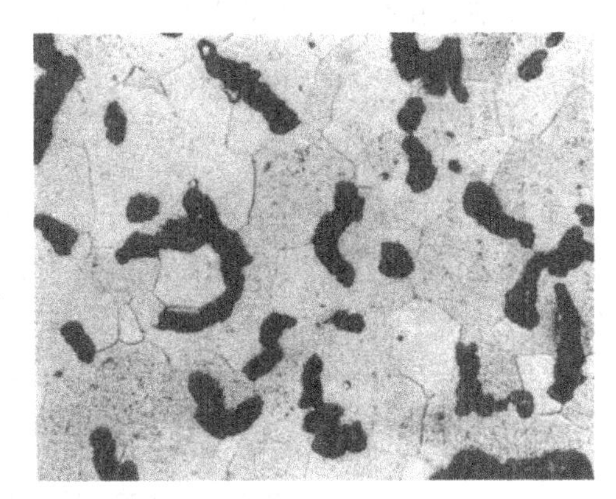

图 9-8　铁素体蠕墨铸铁的显微组织

蠕墨铸铁的力学性能介于相同基体组织的灰铸铁和球墨铸铁之间，其铸造性能和热传导性、耐疲劳性及减振性与灰铸铁相近。蠕墨铸铁已在工业中广泛应用，主要用来制造大马力柴油机气缸盖、气缸套、电动机外壳、机座、机床床身、阀体、玻璃模具、起重机卷筒、纺织机零件、钢锭模等铸件。

9.2.3　特殊性能铸铁

在灰铸铁、白口铸铁或球墨铸铁中加入一定量的合金元素，可以使铸铁具有某些特殊性能（如耐热、耐酸、耐磨等），这类铸铁称为合金铸铁。合金铸铁与在相似条件下使用的合金钢相比有熔炼简便、成本较低、使用性能良好的优点，但力学性能比合金钢低，脆性较大。

1. 耐磨铸铁

般耐磨铸铁按其工作条件大致可分为两大类：一类是在无润滑、干摩擦或磨料磨损条件下工作的抗磨铸铁，其具有均匀的高硬度组织和必要的韧性。包括高铬白口铸铁、低合金白口铸铁、中锰球墨铸铁和冷硬铸铁等，可作犁铧、轧辊、破碎机和球磨机零件等。另一类是在润滑条件下工作的减摩铸铁，其具有较低的摩擦因数和能够很好地保持连续油膜的能力，最适宜的组织形式应是在软的基体上分布着坚硬的骨架，以便使基体磨损后，形成保持润滑剂的“沟槽”，坚硬突出的骨架承受压力。常用的减摩铸铁有高磷铸铁和钒钛铸铁，常

用于机床导轨、气缸套和活塞环等。

2. 耐热铸铁

耐热铸铁具有抗高温氧化等性能，能够在高温下承受一定载荷。在铸铁中加入 Al、Si、Cr 等合金元素，可以在铸铁表面形成致密的保护性氧化膜，使铸铁在高温下具有抗氧化的能力，同时能够使铸铁的基体变为单相铁素体。加入 Ni、Mo 能增加在高温下的强度和韧性，从而提高铸铁的耐热性。常用的耐热铸铁有中硅铸铁、高铬铸铁、镍铬硅铸铁、镍铬球墨铸铁、中硅球墨铸铁等，主要用于制造加热炉附件，如炉底板、加热炉传送链构件、换热器、渗碳坩埚等。

3. 耐蚀铸铁

耐蚀铸铁主要有高硅、高铝、高铬、高镍等系列。铸铁中加入一定量的 Si、Al、Cr、Ni、Cu 等元素，可使铸件表面生成致密的氧化膜，从而提高耐蚀性。高硅铸铁是最常用的耐蚀铸铁，为了提高对盐酸腐蚀的抵抗力可加入 Cr 和 Mo 等合金元素。高硅铸铁广泛用于化工、石油、化纤、冶金等工业所用设备，如泵、管道、阀门、储罐的出口等。

9.3 铸钢

在机械制造业中，许多形状复杂，用锻造方法难以生产，力学性能要求比铸铁高的零件，可用碳钢铸造生产。铸造碳钢广泛用于制造重型机械、矿山机械、冶金机械、机车车辆的某些零件、构件。铸造碳钢的铸造性能比铸铁差。工程用铸造碳钢的牌号前面是 ZG（“铸钢”二字汉语拼音字首），后面第一组数字表示屈服强度，第二组数字表示抗拉强度。工程用铸造碳钢的牌号、成分和力学性能及用途如表 9-4 所示。

表 9-4 工程用铸造碳钢的牌号、成分和力学性能

牌号	主要化学成分 w_{Me}（%）				室温力学性能≥					用途举例
	C	Si	Mn	P	S	$R_{r0.2}$ /MPa	R_m /MPa	A(%)	Z(%)	A_{KV}/J	
ZG200-400	0.20	0.50	0.80	0.04		200	400	25	40	47	良好的塑性、韧性和焊接性，用于受力不大的机械零件，如机座、变速箱壳等
ZG230-450	0.30	0.50	0.90	0.04		230	450	22	32	35	一定强度和好的塑性韧性，焊接性良好。用于受力不大、韧性好的机械零件，如砧座、外壳、轴承盖、阀体、犁柱等
ZG270-500	0.40	0.50	0.90	0.04		270	500	18	25	27	较高的强度和较好的塑性，铸造性能良好，焊接性尚好，切削性好。用于轧钢机机架、轴承座、连杆、箱体、曲轴、缸体等
ZG310-570	0.50	0.60	0.90	0.04		310	570	15	21	24	强度和切削性良好，塑性、韧性较低。用于载荷较高的大齿轮、缸体、制动轮、辊子等
ZG340-640	0.60	0.60	0.90	0.04		340	640	10	18	16	有高的强度和耐磨性，切削性好，焊接性较差，流动性好，裂纹敏感性较大。用作齿轮、棘轮等

9.4 箱体的选材

由于箱体受力不大，工作条件也并不复杂，主要是一种作支撑或外壳的结构，且可能结构复杂，因此一般多用铸造的方法生产出来，所以箱体选材几乎都是由铸造合金浇注而成。

一些受力不大，而且主要是承受静力，不受冲击的箱体可选用灰铸铁；如该零件在服役时与其他部件发生相对运动，其间有摩擦、磨损发生，则应选用珠光体基体的灰铸铁；受力不大，要求自重轻或要求导热好的则可选用铸造铝合金制造；受力很小，要求自重轻的还可考虑选用工程塑料；受力较大，但形状简单的，可选用型钢焊接而成。一些受力较大、要求高强度、高韧性，甚至在高温下工作的零件，如汽轮机机壳，可选用铸钢。

铸造方法对材质不受限制，几乎所有材质的零件都可以通过铸造获得。常见铸造箱体为铸铁件，也有部分铸铝和铸钢件。铸铁具有较高的抗压强度，良好的减振、减摩作用，能够很好地满足箱体零件的使用要求；而且铸铁还具有优良的铸造性能、良好的切削加工性能、成本低等特点，又满足了零件的经济性要求。所以箱体零件首选铸铁件。

习题与思考题

1. 化学成分和冷却速度对铸铁石墨化有何影响？阻碍石墨化的元素主要有哪些？

2. 为什么一般机器的支架、机床床身常用灰铸铁制造？

3. 白口铸铁、灰铸铁和钢、这三者的成分、组织和性能有何主要区别？

4. 灰铸铁、球墨铸铁、蠕墨铸铁、可锻铸铁在组织上的根本区别是什么？试述石墨对铸铁性能的影响。

5. 球墨铸铁和可锻铸铁，哪种适宜制造薄壁铸件？为什么？

6. 灰铸铁为什么不能进行改变基体的热处理，而球墨铸铁可以进行这种热处理？

7. 下列铸件宜选用何种铸铁制造？其中灰铸铁、球墨铸铁、可锻铸铁试选择适用的牌号。

低压暖气片　机床齿轮箱　刹车轮　大型内燃机缸体　水管三通　汽车减速器壳　柴油机曲轴　钢锭模　精密机床床身　轧辊　矿车轮　高温加热炉底板　硝酸盛储槽

项目十 铝合金车轮的选材——非铁金属材料的应用

[问一问，想一想]：

铝合金车轮应选用什么材料制造？采用什么样的热处理工艺？

[学习目标]：

1）了解并分析铝合金车轮的工作条件。

2）了解材料的物理性能。

3）重点了解非铁金属材料的种类、牌号、性能与应用。

4）了解其他新型材料。

5）学会铝合金车轮的选材。

各种钢和铸铁统称为黑色金属，用量很大。但有些时候还需要非铁金属材料，或称为有色金属材料。非铁金属材料种类很多，包括铝合金、铜合金等。下面以铝合金车轮为例来了解一下非铁金属材料的应用。

10.1 铝合金车轮的服役条件分析

铝合金车轮的形状如图 10-1 所示。

车轮是整车行驶部分的主要承载件，是整车最重要的安全部件。轮毂又称钢圈，用以安装轮胎，与轮胎共同承受作用在车轮上的负荷，并散发高速行驶时轮胎上产生的热量及保证车轮具有合适的断面宽度和横向宽度。

图 10-1 铝合金车轮实物图

汽车车轮不仅要承受静态时车辆本身垂直方向的自重载荷，更需经受车辆行驶中来自起动、制动、转弯、石块冲击、路面凹凸不平等各种动态载荷所产生的不规则应力的考验。不仅如此，作为旋转体的车轮，它的轴向跳动和径向跳动精度，又直接影响整车行驶中的稳定性、抓地性、偏摆性、制动性等行驶性能。这就要求车轮动平衡好、疲劳强度高、有好的刚度和弹性、尺寸和形状精度高、质量轻等，铝合金车轮以其良好的综合性能满足了上述要求，在安全性、舒适性和轻量化等方面表现突出，博得了市场青睐，正逐步代替钢制材料成为车轮的合适材料。

10.2 材料的物理性能

包括铝合金在内的许多材料，使用时除了要求力学性能、化学性能外，还要考虑物理性能。材料的物理性能表示的是材料固有的一些属性，如密度、熔点、热膨胀性、磁性、导电性与导热性等。

10.2.1　密度

材料的密度是指单位体积中材料的质量。不同材料的相对密度各不相同，如钢为7.8左右；陶瓷的相对密度为2.2～2.5；各种塑料的相对密度更小。材料的相对密度直接关系到产品的重量和效能。如发动机要求运动时惯性小的活塞时，常采用密度小的铝合金制造。常用金属材料的密度见表10-1。一般将密度小于$5\times10^3 kg/m^3$的金属称为轻金属，密度大于$5\times10^3 kg/m^3$的金属称为重金属。

表10-1　常用金属的物理性能

金属名称	符号	密度ρ/ ($10^3 kg/m^3$) (20℃)	熔点/℃	热导率λ/ [W/(m·K)]	线胀系数 $\alpha_L/10^{-6}K^{-1}$ (0～100℃)	电阻率/ ($10^{-8}\Omega\cdot m$) (0℃)
银	Ag	10.49	960.8	418.6	19.7	1.5
铝	Al	2.6984	660.1	221.9	23.6	2.655
铜	Cu	8.96	1083	393.5	17.0	1.67～1.68（20℃）
铬	Cr	7.19	1903	67	6.2	12.9

抗拉强度与相对密度之比称为比强度；弹性模量与相对密度之比称为比弹性模量。这两者也是考虑某些零件材料性能的重要指标。

10.2.2　熔点

熔点是指材料的熔化温度。金属都有固定的熔点，常用金属的熔点见表10-1。陶瓷的熔点一般都显著高于金属及合金的熔点，而高分子材料一般不是完全晶体，所以没有固定的熔点。合金的熔点决定于它的化学成分，其对于金属与合金的冶炼、铸造和焊接等是一个重要的工艺参数。熔点高的金属称为难熔金属（如钨、钼、钒等），可以用来制造耐高温零件，在燃气轮机、航空航天等领域有广泛的应用。熔点低的金属称为易熔金属（如锡、铅等），可以用来制造熔丝、防火安全阀等零件。

10.2.3　热膨胀性

材料的热膨胀性通常用线胀系数表示。常用金属的线胀系数见表10-1。对精密仪器或机器的零件，线胀系数是一个非常重要的性能指标；在异种金属焊接中，常因材料的热膨胀性相差过大而使焊件变形或破坏。一般，陶瓷的线胀系数最低，金属次之，高分子材料最高。

10.2.4　磁性

材料能导磁的性能叫磁性。磁性材料中又分为容易磁化、导磁性良好，但外磁场去掉后，磁性基本消失的软磁性材料（如电工用纯铁、硅钢片等）和去磁后保持磁场，磁性不易消失的硬磁性材料（如淬火的钴钢、稀土钴等）。许多金属如铁、镍、钴等均具有较高的磁性。但也有许多金属（如铝、铜、铅等）是无磁性的。非金属材料一般无磁性。

10.2.5 导热性

材料的导热性用热导率 λ 来表示。材料的热导率越大，说明导热性越好。一般来说，金属越纯，其导热能力越强。金属的导热能力以银为最好，铜、铝次之。常用金属的热导率见表 10-1。金属及合金的热导率远高于非金属材料。导热性是金属材料的重要性能之一。导热性好的材料其散热性也好，可用来制造热交换器等传热设备的零部件。在制订各类热加工工艺时，也必须考虑材料的导热性，以防止材料在加热或冷却过程中，由于表面和内部产生温差，造成膨胀不同而形成过大的内应力，引起材料发生变形或开裂。

10.2.6 导电性

材料的导电性一般用电阻率 ρ 表示。通常金属的电阻率随温度升高而增加，而非金属材料则与此相反。金属一般具有良好的导电性，银的导电性最好，铜、铝次之。导电性与导热性一样，是随合金成分的复杂化而降低的，因而纯金属的导电性总比合金要好。常用金属的电阻率见表 10-1。高分子材料都是绝缘体，但有的高分子复合材料也有良好的导电性。陶瓷材料虽然也是良好的绝缘体，但某些特殊成分的陶瓷却是只有一定导电性的半导体。

10.3 铝及铝合金

1. 纯铝

纯铝为面心立方晶体结构，塑性好，强度、硬度低，一般不宜作为结构材料使用。但由于其密度低，基本无磁性，导电导热性优良，抗大气腐蚀能力强，因此主要用于制造电线、电缆、电气元件及换热器件。纯铝的导电、导热性随其纯度降低而变差，所以纯度是纯铝材料的重要指标。其牌号中数字表示纯度高低。例如工业纯铝，旧牌号有 L1、L2、L3……。符号 L 表示铝，后面的数字越大纯度越低。对应新牌号为 1070、1060、1050……。

2. 铝合金的分类

铝中加入 Si、Cu、Mg、Zn、Mn 等元素制成合金，强度提高，还可以通过变形、热处理等方法进一步强化。所以铝合金可以制造某些结构零件。依据其成分和工艺性能，铝合金可划分为变形铝合金和铸造铝合金两大类，前者塑性优良，适于压力加工；后者塑性低，更适宜于铸造成型。铝合金一般都具有图 10-2 所示类型的相图。凡位于 D'左边的铝合金，在加热时都能形成单项固溶体组织，这类合金塑性较高，属于变形铝合金。位于 D'右边的铝合金都具有低熔点共晶组织，流动性好，属于铸造铝合金。变形铝合金还可进一步划分成可热处理强化变形铝合金（图 10-2 中 b 段成分合金）和不可热处理强化铝合金（a 段成分合金）。

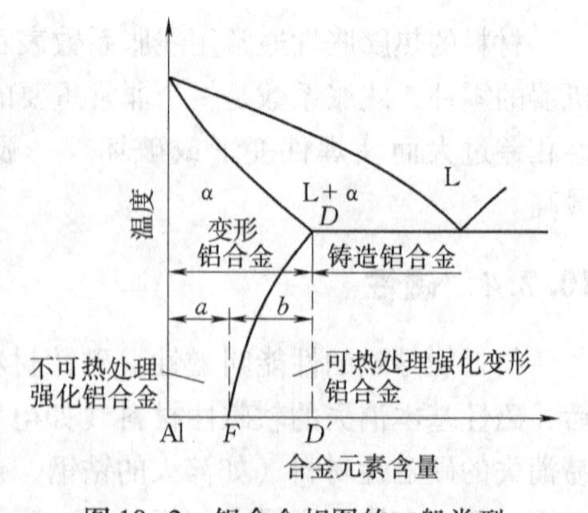

图 10-2 铝合金相图的一般类型

铸造铝合金牌号由 Z 和基体金属元素的化学符号、主要合金元素化学符号以及表明合金化元素质量分数的数字组成，优质合金在牌号后面标注 A。

在合金牌号前面冠以字母“YZ”表示为压铸合金。

变形铝及铝合金采用国际四位数字（或字符）体系牌号命名方法。牌号第一位数字表示铝及铝合金的组别，1×××，2×××，3×××，…，9×××，分别按顺序代表纯铝、以铜为主要合金元素的铝合金、以锰、以硅、以镁、以镁和硅、以锌、以其他合金元素为主要合金元素的铝合金及备用合金组；牌号第二位数字或字母表示改型情况，最后两位数字用以标识同一组中不同的铝合金。

3. 铝合金的强化途径

不可热处理的变形铝合金在固态范围内加热、冷却无相变，因而不能热处理强化，其常用的强化方法是冷变形，如冷轧、压延等工艺。

可热处理强化变形铝合金不但可变形强化，还能够通过热处理进一步强化，其工艺是先固溶处理（俗称淬火），然后时效处理。铝合金的所谓“淬火”在机理上和效果上与钢的淬火是不同的，其强度、硬度并无显著提高，若将其在常温下放置一段时间（约2h）以后，强度、硬度上升，塑性、韧性下降的效果才逐步产生。这种合金的性能随时间而变化的现象称为时效。合金工件经固溶处理后，在室温进行的时效处理称为自然时效处理。若要缩短时效时间，可以在加热条件下时效，即人工时效处理。

铸造铝合金组织中有一定比例的共晶体，熔点低，故流动性好，可制造形状复杂的零件，但共晶体往往比较粗大且韧性差，这是铸造铝合金强度低，塑性、韧性差的主要原因。若采用变质处理就能使共晶体细化，并在一定程度上使铸造铝合金强化、韧化。

4. 变形铝合金

变形铝合金可分为防锈铝合金（LF）；硬铝合金（LY）；超硬铝合金（LC）；锻铝合金（LD）四类。常用变形铝合金的牌号、力学性能及用途列于表10-2中。

表10-2　常用变形铝合金的牌号、力学性能和用途

类别	原代号	新牌号	半成品种类	状态	力学性能		用途
					R_m/MPa	A(%)	
防锈铝合金	LF2	5A02	冷轧板材 热轧板材 挤压板材	0 H112 0	167~226 117~157 ≤226	16~18 7~6 10	在液体下工作的中等强度的焊接件、冲压件和容器，骨架零件等
	LF21	3A21	冷轧板材 热轧板材 挤制厚壁管材	0 H112 H112	98~147 108~118 ≤167	18~20 15~12 —	要求高的可塑性和良好的焊接性，在液体或气体介质中工作的低载荷零件，如油箱、油管、液体容器、饮料罐
硬铝合金	LY11	2A11	冷轧板材（包铝） 挤压棒材 拉挤制管材	0 T4 0	226~235 353~373 ≤245	12 10~12 10	用作各种要求中等强度的零件和构件，冲压的连接部件，空气螺旋桨叶片，局部镦粗的零件（如螺栓、螺钉）
	LY12	2A12	冷轧板材（包铝） 挤压棒材 拉挤制管材	T4 T4 0	407~427 255~275 ≤245	10~13 8~12 10	用量最大，用作各种要求高载荷的零件和构件（但不包括冲压件和锻件），如飞机上的骨架零件、蒙皮、翼梁等150℃以下工作的零件
	LY8	2B11	铆钉线材	T4	J225	—	用作铆钉材料

（续）

类别	原代号	新牌号	半成品种类	状态	力学性能		用途
					R_m/MPa	A(%)	
超硬铝合金	LC3	7A03	铆钉线材	T6	J284	—	受力结构的铆钉
	LC4 LC9	7A04 7A09	挤压棒材 冷轧板材 热轧板材	T6 0 T6	490~510 ≤245 490	5~7 10 3~6	用作承受力的构件和高载荷的零件，如飞机上的大梁、桁条、加强框、蒙皮、翼肋起落架等，多用于取代2A12
锻铝合金	LD5 LD7 LD8	2A50 2A70 2A80	挤压棒材 挤压棒材 挤压棒材	T6 T6 T6	353 353 441~432	12 8 8~10	形状复杂和中等强度的锻件和冲压件，内燃机活塞、压气机叶片、叶轮、圆盘以及其他在高温下工作的复杂锻件。其中2A70耐热性好
	LD10	2A14	热轧板材	T6	432	5	高负荷和形状简单的锻件和模锻件

防锈铝合金属于不能热处理强化的铝合金，常采用冷变形方法强化。这类铝合金具有适中的强度，优良的塑性和良好的焊接性，并有很好的耐蚀性，常用于制造油罐、各式容器、防锈蒙皮等。其他三类变形铝合金都属于能热处理强化的铝合金。其中硬铝合金属于Al－Cu－Mg系，超硬铝合金属于Al－Cu－Mg－Zn系，锻铝合金属于Al－Mg－Si－Cu系。铝中加入Cu、Mg、Zn是为了得到热处理强化所必需的溶质组元和第二相。经固溶、时效后这些合金的强度较高，其中超硬铝合金的强化效果最突出。

5. 铸造铝合金

铸造铝合金可分为Al－Si系、Al－Cu系、Al－Mg系和Al－Zn系四类，其典型合金牌号（代号）、主要性能特点及用途列于表10-3中。表中代号ZL表示铸造铝合金。

表10-3 典型铸造铝合金的牌号（代号）、主要性能特点及用途

类别	牌号（代号）	主要特点	典型应用
铝硅合金	ZAlSi12（ZL102） YZAlSi12（YL102）	铸造性能好，有集中缩孔，吸气性大，需变质处理，耐蚀性、焊接性好，切削性能差，不能热处理强化，强度不高，耐热性较差	适用于铸造形状复杂，耐蚀性和气密性好，承受较低载荷，≤200℃的薄壁零件，如仪表壳罩、船舶零件等
	ZAlSi5Cu1Mg（ZL105）	铸造性能和气密性良好，无热裂倾向，熔炼工艺简单，不需变质处理，可热处理强化，强度高，塑性、韧性低，焊接性能和切削性能良好，耐热性、耐蚀性一般	在航空工业中应用广泛，铸造形状复杂，承受较高载荷，<225℃的零件，如气缸体、盖，发动机曲轴箱等
	ZAlSi12Cu2Mg1（ZL108） YZAlSi12Cu2Mg（YL108）	密度小，热胀系数小，热导率高，耐热性好，铸造性能优良，气密性好，线收缩小，可得到尺寸精确铸件，无热裂倾向，强度高，耐磨性好，需变质处理	常用的活塞铝合金，用于铸造汽车、拖拉机的活塞和其他工作温度低于250℃的零件
铝铜合金	ZAlCu5Mn（ZL201）	铸造性能不好，热裂、缩孔倾向大，气密性差，可热处理强化，室温强度高，韧性好，耐热性能好，切削性能好，耐蚀性差	工作温度低于300℃，承受中等载荷，中等复杂程度的飞机受力铸件，也可用于低温承力件，用途广泛

（续）

类别	牌号（代号）	主要特点	典型应用
铝铜合金	ZAlCu4（ZL203）	典型的 Al－Cu 二元合金，铸造性能差，热裂倾向大，不需变质处理，可热处理强化，有较高的强度和塑性，切削性能好，耐蚀性一般，人工时效状态耐蚀性差	形状简单，中等静载荷或冲击载荷，工作温度低于 200℃的小零件，如支架、曲轴等
	ZAlRE5Cu3Si2（ZL207）	含有质量分数为4.4%～5.0%混合稀土，实质上是 Al－RE－Cu 系合金，耐热性好，可在 300～400℃下长期工作，为目前耐热性最好的铸造铝合金。结晶范围小，充填能力好，热裂倾向小，气密性好，不能热处理强化，室温力学性能较差，焊接性能好，耐蚀能力低于 Al－Mg，Al－Si 系，而优于 Al－Cu 系	铸造形状复杂，在 300～400℃长期工作，承受气压和液压的零件
铝镁合金	ZAlMg10（ZL301）	典型的 Al－Mg 二元合金，铸造性能差，气密性差，熔炼工艺复杂，可热处理强化，耐热性不好，有应力腐蚀倾向，焊接性差，切削性能良好，其最大优点是耐大气和海水腐蚀	承受高静载荷或冲击载荷，工作温度低于 200℃、长期在大气或海水中工作的零件，如水上飞机、船舶零件
	ZAlMg5Si1（ZL303）	铸造性能比 ZL301 好，耐蚀性能良好，切削性能为铸造铝合金中最佳，焊接性能好，热处理不能明显强化，室温力学性能较差，耐热性一般	低于 200℃承受中等载荷的耐蚀零件，如海轮配件、航空或内燃机零件
铝锌合金	ZALZn11Si7（ZL401）	铸造性能优良，需进行变质处理，在铸态下具有自然时效能力，不经热处理可达到高的强度，耐热性、焊接性和切削性能优良，耐蚀性差，可采用阳极化处理以提高耐蚀性	适于大型、形状复杂、承受高静载荷、工作温度不超过 200℃的铸件，如汽车零件、仪表零件、医疗器械、日用品等
	ZALZn6Mg（ZL402）	铸造性能良好，铸造后有自然时效能力，较好的力学性能，耐蚀性良好，耐热性能差，焊接性一般，加工性能良好	高静载荷或冲击载荷、不能进行热处理的铸件，如空压机活塞、精密仪表零件等

10.4　铝合金的热处理

10.4.1　变形铝合金的退火

变形铝合金的退火包括去应力退火、再结晶退火和均匀化退火等几种类型。其中均匀化退火多用于铸锭和铸件等。

1. 去应力退火

铸件、焊接件、切削加工件和变形加工件往往有较大的残余应力。残余应力的存在造成合金组织与性能的稳定性下降，同时应力腐蚀倾向显著增加，而且合金零件易超差变形。因此必须进行去应力退火。去应力退火本质是一个回复过程。去应力退火温度的选择需要慎重：如果加热温度过低，需要较长的保温时间，才能较充分消除残余应力；加热温度过高，导致强度下降较多。去应力退火的温度低于再结晶开始温度，保温后缓慢冷却。去应力退火多用于防锈铝合金和工业纯铝。表 10-4 给出了几种防锈铝合金的去应力退火工艺。

表 10-4　几种防锈铝合金的去应力退火工艺

牌号	退火温度/℃	保温时间/min	
		厚度＜6mm	厚度＞6mm
5A02/LF2	150～180	60～120	—
5A03/LF3	270～300	60～120	—
3A21/LF21	250～280	60～150	60～150

2. 再结晶退火

再结晶退火的目的是细化晶粒，同时消除残余应力和降低合金强度，提高塑性。再结晶退火温度选择原则：① 再结晶加热温度应在再结晶开始温度以上，保温后缓慢冷却；② 对于形状复杂的加工件宜采用较高的再结晶温度，以保证好的塑性以便进行加工；③ 如果合金要保持一定的强度和硬度，则采用较低的再结晶温度；④ 对于经热处理强化的铝合金，为消除强化和冷作硬化效应，以利于继续对形状复杂的工件进行变形加工，也应选择较高的再结晶温度。

再结晶温度是再结晶退火温度选择的主要参照点。影响再结晶温度的主要因素是变形程度，变形量越大则再结晶温度越低。设 T_m 为合金熔点（取热力学温度），则再结晶退火一般为 $0.7 \sim 0.8T_m$。变形铝合金和热处理强化后变形铝合金的再结晶退火温度见表 10-5 和表 10-6。

表 10-5　变形铝合金再结晶退火工艺

牌号	退火温度/℃	保温时间/min		冷却方法
		厚度＜6mm	厚度＞6mm	
工业纯铝	350～400	热透为止	30	空冷或炉冷
3A21/LF21	350～420			
5A02/LF2	350～400			
5A03/LF3	350～400			
5A05/LF5	310～335			
5A06/LF6	310～335			
2A11/LY11	350～370	40～60	60～90	炉冷
2A12/LY12	350～370			
2A16/LY16	350～370			
6A02/LD2	350～370			
2A05/LD5	350～400			
2B50/LD6	350～400			
2A14/LD10	350～370			
7A04/LC4	370～390			

表 10-6　热处理强化后变形铝合金的再结晶退火工艺

牌号	退火温度/℃	保温时间/h	说明
2A16/LY6	390~420	1~2	30℃/h 的速度冷却至 260℃后，空冷
2A11/LY11	390~420	1~2	
2A12/LY12	390~420	1~2	
2A16/LY16	390~420	1~2	
2A02/LY2	390~420	1~2	
7A04/LC4	390~430	1~2	30℃/h 的速度冷却至 150℃后，空冷

3. 均匀化退火

均匀化退火在于消除合金铸锭中的晶内偏析，使合金具有良好的压力加工性能，以得到品质优良的半成品。变形铝合金常用的均匀化退火工艺见表 10-7。

表 10-7　变形铝合金的均匀化退火工艺

合金牌号		退火温度/℃	保温时间/h	冷却方式
新	旧			
5A02	LF2	440	24	空冷
5A03、5A05、5A06	LF3、LF5、LF10	460~475	12~24	空冷
3A21	LF21	510~520	4~6	空冷
2A11、2A12	LY11、LY12	480~495	12~24	炉冷
2A16	LY16	525±5	12~16	炉冷
2A50、2B50	LD5、LD6	515~530	12	炉冷
2A14	LD10	475~490	12	炉冷
7A04	LC4	450~465	12~24	炉冷

10.4.2　变形铝合金的固溶处理

固溶和时效处理是大部分变形铝合金的主要热处理工艺。铝合金的合金元素溶于铝合金中，形成以铝为基的固溶体，它们的溶解度随温度的下降而减少。将铝合金加热到较高的温度，保温后迅速冷却，得到过饱和固溶体。这个过程称为铝合金的固溶处理，其目的在于软化合金，便于在孕育期中冷压成形，为提高强度、硬度等综合性能作合金组织上的准备。

1. 加热温度

固溶处理加热温度的选择必须使强化相最大限度地溶入固溶体中，同时保证不过烧。有关变形铝合金固溶加热温度和熔化开始温度见表 10-8。

表 10-8 变形铝合金固溶加热温度和熔化开始温度

牌号	加热温度/℃	熔化开始温度/℃
2A01/LY1	495~505	535
2A02/LY2	495~506	510~515
2A06/LY6	503~507	518
2A10/LY10	515~520	540
2A11/LY11	500~510	514~517
2A12/LY12	495~503	506~507
2A16/LY16	528~593	545
2A17/LY17	520~530	540
6A02/LD2	515~530	595
2A50/LD5	503~525	>525
2A70/LD7	525~595	—
2A80/LD8	525~540	—
2A90/LD9	510~525	—
2A14/LD10	495~506	509
7A03/LC3	460~470	>500
7A04/LC4	465~485	>500

2. 保温时间

加热到固溶处理温度后要保温一定的时间，使工件透热，强化相得到充分溶解和固溶体均匀化。对于同一合金，保温时间的选择应遵循以下原则：①对于截面大的半成品，应适当延长保温时间，大型锻件、模锻件和棒材的保温时间比薄件长数倍。②热处理前的压力加工变形程度越大，强化相尺寸越小，越易溶解，保温时间可以适当缩短；注意：冷变形的工件在加热过程中要发生再结晶，注意防止再结晶晶粒的长大；对于挤压制品，保温时间不宜过长，以保持挤压效应。③对于固溶时效的工件，进行重复固溶加热时保温时间较短，反之对于完全退火的合金保温时间较长，后者的保温时间是前者的两倍。表 10-9 和表 10-10 分别列出了铝合金在盐浴炉和空气中加热固溶的保温时间。

表 10-9 几种变形铝合金在盐浴炉中加热固溶保温时间

合金牌号	板材厚度或棒材直径/mm	保温时间/min	合金牌号	板材厚度或棒材直径/mm	保温时间/min
2A06/LY6 2A11/LY11 2A12/LY12 包铝板材	0.3~0.8	9	2A06/LY6 2A11/LY11 2A12/LY12 包铝板材	6.1~8.0	35
	1.0~1.5	10		8.1~12.0	40
	1.6~2.5	17		12.1~25.0	50
	2.6~3.5	20		25.1~32.0	60
	3.6~4.0	27		32.1~38.0	70
	4.1~6.0	32			

（续）

合金牌号	板材厚度或棒材直径/mm	保温时间/min	合金牌号	板材厚度或棒材直径/mm	保温时间/min
2A11/LY11 2A12/LY12 不包铝板材	0.3~0.8	12	2A11/LY11 2A12/LY12 不包铝板材	2.6~3.5	30
	0.9~1.2	18		3.6~5.0	35
	1.3~2.0	20		0.1~6.0	50
	2.1~2.5	25		>6.0	60
6A02/LD2 7A04/LC4 不包铝板材	0.3~0.8	9	A02/LD2 7A04/LC4 不包铝板材	3.1~3.5	27
	1.0~1.5	12		3.6~4.0	32
	1.6~2.0	17		4.1~5.0	35
	2.1~2.5	20		5.1~6.0	40
	2.6~3.0	22		>6.0	60

表10-10　几种变形铝合金在空气中的固溶保温时间

制品种类	棒材、型材直径或型材锻件厚度/mm	保温时间/min	
		制品长度小于13m	制品长度大于13m
棒材、型材	<3.0	30	45
	3.1~5.0	45	60
	5.1~10.0	60	75
	10.1~12.0	75	90
	12.1~30.0	90	100
	30.1~40.0	105	135
	40.1~60.0	150	150
	60.1~100.0	180	180
	>100.0	210	210
2B11/LY8、线材		60	
锻件	<30.0	75	
	31~50	100	
	51~100	120~150	
	101~150	180~210	

10.4.3　铝合金的淬火

铝合金淬火，一方面要有足够的速度，以防止粗大过剩相的析出；另一方面如果冷却速度过大，可能产生较大的内应力从而使零件畸变和开裂。因此，控制冷却速度是非常重要的。控制冷却速度主要从控制淬火转移时间和选择适宜的淬火冷却介质两方面入手。

（1）淬火冷却介质和冷却方式　铝合金淬火可以有水温调节淬火、聚合物水溶液淬火等多种方式。水是铝合金常用的淬火冷却介质。不同温度的水具有不同的冷却能力。常温下的水具有最大的冷却能力，冷却速度可达750℃/s。有时需要通过调节水温的方法调节冷却速度。生产中的水温一般应保持在10～30℃范围内，对于形状复杂的大型工件，水温可以升到30～50℃，有时可以达到80℃，以防止零件的畸变和开裂。

（2）淬火转移时间　如果工件从加热炉转移到淬火槽的时间过长，则过饱和固溶体在转移过程中发生析出，导致合金时效后强度下降，抗蚀性能变坏。当铝合金厚度小于4mm时，淬火转移时间小于30s；当成批工件同时淬火时，转移时间可以增长；硬铝和锻铝合金可以增加20～30s，超硬铝可以增加25s。

综上所述，表10-11给出了几种常用铝合金的淬火工艺。

表10-11　常用铝合金的淬火工艺

牌号		2A12 2A14 2B11	2A12 2B12	2A50 2A90	2A16	7A03	7A04
		旧 LY12 LYD10 LY8	LY12 LY9	LD5 LD9	LY16	LC3	LC4
温度/℃		500±5	495±5	515±5	535±5	465±5	475±5
厚度/mm		≤1.0	1.1～2.5	2.6～5	5.1～10	10.1～20	>20
保温时间/min	循环空气炉	5～10	10～20	20～30	30～40	40～50	1.5min/mm +20min
	硝盐炉	3～5	5～10	10～15	11～20	20～25	0.7min/mm +10min

10.5　铜及铜合金

铜是人类历史上应用最早的金属，至今也是应用最广的非铁金属材料之一，主要用作具有导电、导热、耐磨、抗磁、防爆等性能并兼有耐蚀性的器件。

1. 纯铜（紫铜）

纯铜的晶体结构是面心立方晶格，导电、导热性能优良，塑性好、易于进行冷、热加工，但强度、硬度低。工业纯铜按杂质含量可分为T1、T2、T3、T4四个牌号，序号越大纯度越低。铜一般不作为结构材料使用，主要用于制造电线、电缆、电子元件及导热器件。

2. 黄铜

黄铜对海水和大气有优良的耐蚀性，力学性能与含锌量有关。当$w_{Zn}<39\%$时，锌能完全溶解在铜内，形成面心立方晶格的α固溶体，塑性好，随含锌量增加其强度和塑性都上升。当$w_{Zn}>39\%$以后，黄铜的组织由α固溶体和β′相组成，β′相在470℃以下塑性极差，但少量的β′相对强度没有影响，因此强度仍较高。但$w_{Zn}>45\%$以后铜合金组织全部是β′相和别的脆性相，致使强度和塑性均急剧下降，如图10-3所示。

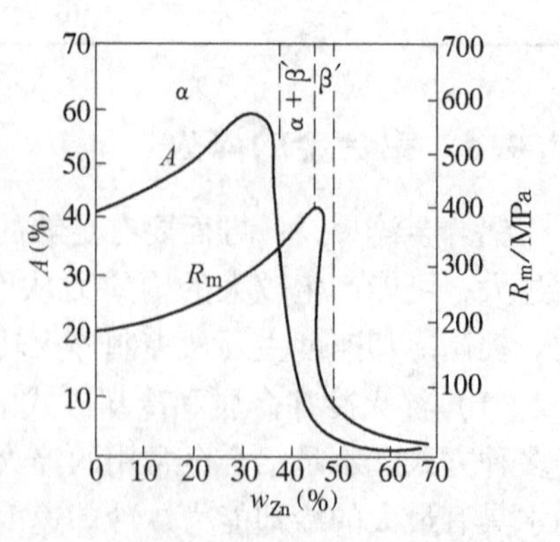

图10-3　锌对普通黄铜力学性能的影响

为改善黄铜的性能，加入少量Al、Mn、Sn、Si、Pb、Ni等元素就得到特殊黄铜，如铅黄铜、锡黄铜、铝黄铜、锰黄铜、铁黄铜、硅黄铜等。普通黄铜的牌号用黄字的汉语拼音字首“H”加数字表示，数字表示Cu平均的质量分数。特殊黄铜代号由H、合金元素符号、铜含量、合金元素含量组成。常用的α单相黄铜有H80、H70等，常用的α+β′双相黄铜有H62、H59等。图10-4为单相黄铜和双相黄铜的显微组织照片。表10-12列出部分常用典型黄铜的牌号（代号）、力学性能和用途。

a)

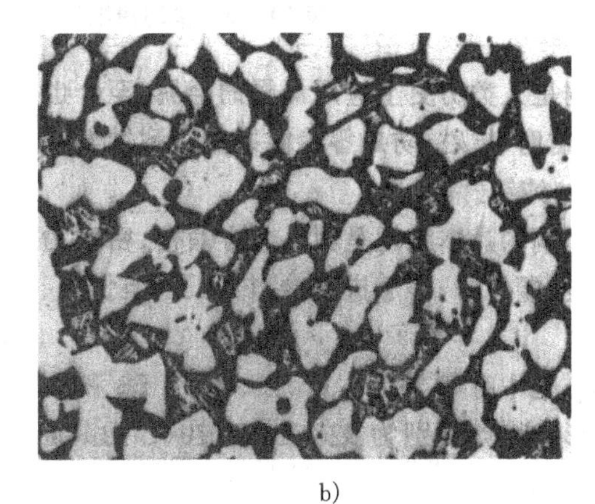

b)

图10-4　黄铜的显微组织

a）单相黄铜　b）双相黄铜

表10-12　常用典型黄铜的牌号（代号）、力学性能及用途

类别	代号或牌号	制品种类	力学性能		主要特征	用途举例
			R_m/MPa	A（%）		
普通加工黄铜	H80	板、带 管、棒	640	5	在大气、淡水及海水中有较高的耐蚀性，加工性能优良	造纸网、薄壁管、皱纹管、建筑装饰用品、镶层等
	H68	板、带 棒、线 箔、管	660	3	有较高强度，塑性为黄铜中最佳者，在黄铜中应用最广泛，有应力腐蚀开裂倾向	复杂冲压件和深冲压件，如子弹壳、散热器外壳、导管、雷管等
	H62		600	3	有较高的强度，热加工性能好，可加工性能好，易焊接。有应力腐蚀开裂倾向，价格较便宜，应用较广泛	一般机器零件、铆钉、垫圈、螺钉、螺帽、导管、散热器、筛网等
铅黄铜	HPb59-1	板、管 棒、线	550	5	可加工性能好，可冷、热加工，易焊接，耐蚀性一般。有应力腐蚀开裂倾向，应用广泛	热冲压和切削加工制作的零件，如螺钉、垫片、衬套、喷嘴等
锰黄铜	HMn58-2	砂型 金属型	700	10	在海水、过热蒸汽、氯化物中有高的耐蚀性。但有应力腐蚀开裂倾向，导热导电性能低	应用较广的黄铜品种，主要用于船舶制造和精密电器制造工业
铸造黄铜	ZCuZn38	砂型 金属型	295	30	良好的铸造性能和可加工性能，力学性能较高，可焊接，有应力腐蚀开裂倾向	一般结构件如螺杆、螺母、法兰、阀座、日用五金等

3. 青铜

青铜种类较多，有锡青铜、铅青铜、硅青铜、铍青铜、钛青铜等。锡青铜是以锡为主要合金元素的铜合金，其力学性能取决于锡的含量。锡青铜耐磨性、耐蚀性和弹性等较好，可用于制作弹性元件等。常用青铜的代号（牌号）、化学成分及力学性能见表10-13。

表10-13 常用青铜的代号（牌号）、化学成分及力学性能

类别	代号或牌号	制品种类	力学性能		主要特征	用途举例
			R_m/MPa	A（%）		
压力加工锡青铜	QSn4-3	板、带、线、棒	350	40	有高的耐磨性和弹性，抗磁性良好，能很好地承受冷、热压力加工；在硬态下，切削性好，易焊接，在大气、淡水和海水中耐蚀性好	制作建筑及其他弹性元件，化工设备上的耐蚀零件以及耐磨零件、抗磁零件、造纸工业用的刮刀
	QSn6.5-0.4	板、带、线、棒	750	9	锡磷青铜，性能用途和QSn6.5-0.1相似。因含磷量较高，其抗疲劳强度较高，弹性和耐磨性较好，但在热加工时有热脆性	除用作建筑和耐磨零件外，主要用于造纸工业制作耐磨的铜网和载荷低于980MPa、圆周速度低于3m/s的零件
	QSn4-4-2.5	板、带	650	3	含锌、铅，高的减磨性和良好的切削加工性能，易于焊接，在大气、淡水中具有良好的耐蚀性	轴承、卷边轴套、衬套、圆盘以及衬套的内垫等
铸造锡青铜	ZCuSn10Zn2	砂型	240	12	耐蚀性、耐磨性和切削加工性能好，铸造性能好，铸件致密性较高，气密性较好	在中等及较高载荷和小滑动速度下工作的重要管配件及阀，旋塞、泵体、齿轮、叶轮和蜗轮等
		金属型	245	6		
	ZCuSn10Pb1	砂型	200	3	硬度高、耐磨性较好，不易产生咬死现象，有较好的铸造性能和切削加工性能，在大气和淡水中有良好的耐蚀性	可用于高载荷和高滑速度下工作的耐磨零件，如连杆衬套、轴瓦、齿轮、蜗轮等
		金属型	310	2		
		离心	330	4		
特殊青铜（无锡青铜）	QBe2	板、带、线、棒	500	3	含有少量镍，是力学、物理、化学综合性能良好的一种合金。经淬火时效后，具有高的强度、硬度、弹性、耐磨性，同时还具有高的导电性、导热性和耐寒性，无磁性，碰击时无火花，易于焊接，在大气、淡水和海水中抗蚀性极好	各种精密仪表、仪器中的弹簧和弹性元件，各种耐磨零件以及在高速、高压下工作的轴承、衬套，矿山和炼油厂用的受冲击时不产生火花的工具以及各种深冲零件
	ZCuPb30	金属型	—	—	有良好的自润滑性，易切削，铸造性能差，易产生比重偏析	要求高滑动速度的双金属轴瓦、减摩零件等
	ZCuAl10Fe3	砂型	490	13	高的强度，耐磨性和耐蚀性能好，可以焊接，但不易钎焊，大型铸件自700 ℃空冷可防止变脆	强度高、耐磨、耐蚀的重型铸件如轴套、螺母、蜗轮及250 ℃以下管配件
		金属型	540	15		

10.6　滑动轴承合金

制造滑动轴承的轴瓦及其内衬的合金叫轴承合金。轴瓦是包围在轴颈外面的套圈，它直接与轴颈接触。当轴旋转时，轴瓦除了承受轴颈传递给它的静载荷以外，还要承受交变载荷和冲击，并与轴颈发生强烈的摩擦。轴承合金组织通常是由软基体上均匀分布一定数量和大小的硬质点组成。当轴运转时，轴瓦的软基体易磨损而凹陷，能容纳润滑油，硬质点则相对凸起支撑着轴颈，如图 10-5 所示。这就减小了轴颈和轴瓦之间的接触面积，降低了摩擦因数。此外软基体可承受冲击和振动，并使轴颈和轴瓦之间能很好地磨合，并且偶然进入的外来硬质点能嵌入基体中。

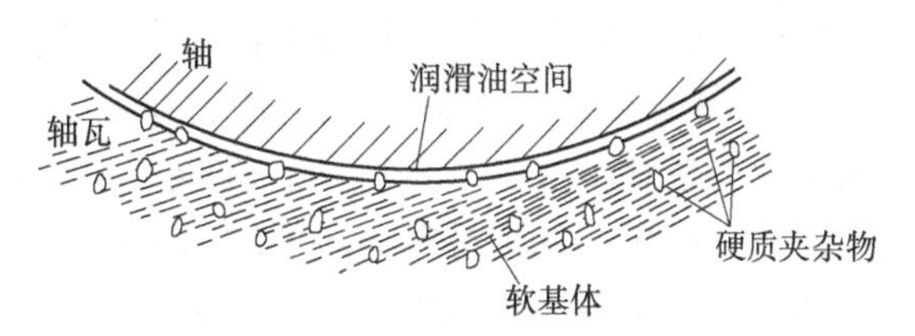

图 10-5　轴承合金组织示意图

锡基轴承合金是以锡为基础，加入锑、铜等元素组成的合金，此外还有铅基轴承合金、铜基轴承合金和铝基轴承合金等。常用轴承合金的代号、化学成分、性能特点及用途见表 10-14。

表 10-14　部分锡基、铅基轴承合金代号、化学成分、性能特点及用途

类别	牌号	化学成分 w(%)				力学性能			用途举例
		Sb	Cu	Pb	Sn	R_m/MPa	A (%)	HBW	
						不小于			
锡基轴承合金	ZSnSb12Pb10Cu4	11.0 ~ 13.0	2.5 ~ 5.0	9.0 ~ 11.0	余量			29	一般机械的主要轴承，但不适于高温工作
	ZSnSb11Cu6	10.0 ~ 12.0	5.5 ~ 6.5	0.35	余量	90	6.0	27	1500kW 以上的高速蒸汽机，400kW 的涡轮压缩机用轴承
	ZSnSb8Cu4	7.0 ~ 8.0	3.0 ~ 4.0	0.35	余量	80	10.6	24	一般大机器轴承及轴衬，重载、高速汽车发动机薄壁双金属轴承
	ZSnSb4Cu4	4.0 ~ 5.0	4.0 ~ 5.0	0.35	余量	80	7.0	20	涡轮内燃机高速轴承及轴衬
铅基轴承合金	ZPbSb15Sn5Cu3Cd2	14.0 ~ 16.0	2.5 ~ 3.0		5.0 ~ 6.0	68	0.2	32	船舶机械，小于 250kW 的电动机轴承
	ZPbSb10Sn6	9.0 ~ 11.0	0.7※		5.0 ~ 7.0	80	5.5	18	重载、耐蚀、耐磨用轴承

10.7　其他新型材料

人类进入 21 世纪，随着科学技术的迅速发展，在传统金属材料与非金属材料仍在大量应用的同时，各种适应高科技发展的新型材料不断涌现，为新技术取得突破创造了条件。所谓新型材料是指那些新近发展或正在发展中的，采用高新技术制取的，具有优异性能和特殊性能的材料。新型材料是相对于传统材料而言的，二者之间并没有截然的分界。新型材料的发展往往以传统材料为基础，传统材料的进一步发展也可以成为新型材料。材料，尤其是新型材料是21世纪知识经济时代的重要基础和支柱之一，它将对经济、科技、国防等事业的发展起到至关重要的推动作用，对机械制造业则更是如此。

目前，各种新型材料的开发正在加速，其特点是高性能化、功能化、复合化。传统的金属材料、有机材料、无机材料的界限正在消失，因此，新型材料的分类变得困难起来，一些原来可以比较容易区分的材料的属性也变得模糊起来。例如传统上认为导电性是金属固有的，而如今有机、无机材料也均可出现导电性。而复合材料的出现，更使它融多种材料性能于一体，甚至出现一些与原来截然不同的性能。

10.7.1 高温材料

所谓高温材料一般是指在600℃以上，甚至在1000℃以上能正常工作的材料，这种材料在高温下能承受较高的应力并具有相应的使用寿命。常见的高温材料是高温合金，它出现于20世纪30年代，其发展和使用温度的提高与航天航空技术紧密相关。现在高温材料的应用范围越来越广，从锅炉、蒸汽机、内燃机到石油、化工用各种高温物理化学反应装置、原子反应堆的热交换器、喷气涡轮发动机和航天飞机的多种部件都有广泛的使用。这些高技术领域对高温材料的使用性能要求，促使高温材料的种类不断增多，使用温度不断提高，性能不断改善。反过来，高温材料的性能提高，又扩大了其应用领域。

目前开发使用的高温材料主要有铁基高温合金、镍基高温合金和高温陶瓷材料等。镍基高温合金以Ni为基体，Ni的质量分数超过50%，使用温度可达1000℃。高温强度、抗氧化性和耐蚀性都较铁基的更好。现代喷气发动机中，涡轮叶片几乎全部采用镍基合金制造。镍基高温合金按其生产方式可分为变形合金与铸造合金两大类。为适应现代工业更高的要求，高温合金的研究开发尽管难度极大，也在不断取得进展。现在已经使用或正在研制的新型高温合金有定向凝固高温合金、单晶高温合金、粉末冶金高温合金、快速凝固高温合金、金属间化合物高温合金和其他难熔金属高温合金等。单晶高温合金的工作温度要比普通铸造高温合金高约100℃。对涡轮叶片而言，每提高25℃，就相当于提高叶片寿命3倍，发动机的推力就将会有较大幅度的增加。因此单晶高温合金等新型高温合金的问世极大地促进了航空航天等工业的发展。

10.7.2 形状记忆材料

形状记忆是指某些材料在一定条件下，虽经变形而仍然能够恢复到变形前原始形状的能力。最初具有形状记忆功能的材料是一些合金材料，如Ni-Ti合金。目前高分子形状记忆材料因为其优异的综合性能也已成为重要的研究与应用对象。

材料的形状记忆现象是由美国海军军械实验室的科学家布勒（W. J. Buchler）在研究Ni-Ti合金时发现的。著名的形状记忆合金的应用例子是制造月面天线。半球形的月面天线直径达数米，用登月舱难以运载进入太空。科学家们利用Ni-Ti合金的形状记忆效应，首先将处于一定状态下的Ni-Ti合金丝制成半球形的天线，然后压成小团，用阿波罗火箭送上月球，放置在月面上。小团被阳光晒热后恢复成原状，即可成功地用于通信。形状记忆效应是热弹性马氏体相变产生的低温相在加热时向高温相进行可逆转变的结果。材料在高温下制成某种形状，在低温下将其任意变形，若将其加热到高温时，材料恢复高温下的形状，但重新冷却时材料不能恢复低温时的形状，这是单程记忆效应；若低温下材料仍能恢复低温下的形状，就是双程记忆效应。

目前形状记忆合金主要分为 Ni－Ti 系、Cu 系和 Fe 系合金等。Ni－Ti 系形状记忆合金是最具有实用化前景的形状记忆材料。铜系形状记忆合金主要是 Cu－Zn－Al 合金和 Cu－Ni－Al 合金，与 Ni－Ti 合金相比，其加工制造较为容易，价格便宜，记忆性能也比较好。除形状记忆合金外，还有形状记忆高聚物，如聚乙烯类结晶性聚合物等。

形状记忆材料可用于各种管接头、电路的连接、自控系统的驱动器以及热机能量转换材料等。图 10-6 为铆钉的应用实例。大量使用形状记忆材料的是各种管接头。因为形状恢复力很大，故连接很严密，至今未见报道有漏油、脱落等事故发生。形状记忆材料还可用于各种温度控制仪器，如温室窗户的自动开闭装置，防止发动机过热用的风扇离合器等。由于形状记忆材料具有感知和驱动的双重功能，因此其可能成为未来微型机械手和机器人的理想材料。

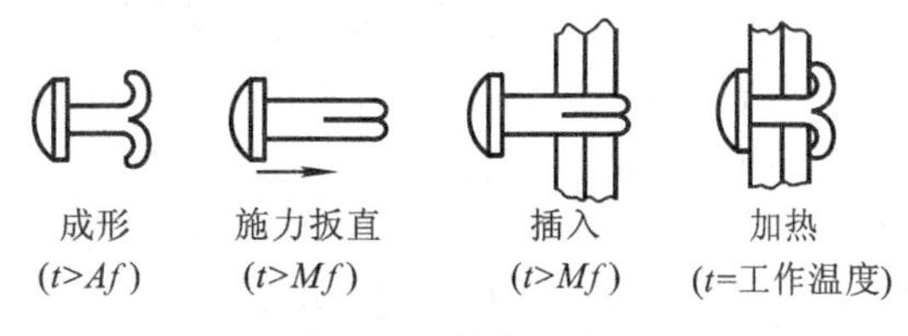

图 10-6 铆钉的应用

10.7.3 非晶态材料

非晶态材料是相对晶态而言的，此时的原子是混乱排列的状态。非晶态材料的种类很多，如传统的硅酸盐玻璃、非晶态聚合物以及非晶态半导体、非晶态超导体、非晶态离子导体等。这里则主要介绍非晶合金。由于非晶合金在结构上与玻璃相似，故亦称为金属玻璃。金属玻璃可采用液相急冷法、气相沉积法、注入法等制备。1959 年，杜威兹（Duwez）等人以超过 106℃/s 的急冷速度将 Al－Si 合金熔体制成非晶态箔片，这种液态淬火制备金属玻璃的方法，大大促进了非晶态金属的发展。

非晶合金在力学、电学、磁学及化学性能诸方面均有独特之处。其具有很高的强度和硬度。非晶合金 $Fe_{80}B_{20}$ 抗拉强度达 3630MPa。而晶态超高强度钢的抗拉强度仅为 1800～2000MPa。非晶态铝合金的抗拉强度是超硬铝的两倍（见表 10-15）。同时，非晶合金还具有很高的韧性和塑性，许多淬火态的金属玻璃薄带可以反复弯曲，即使弯曲到 180°也不会断裂。因此既可冷轧弯曲加工，也可编织成各种网状物。

表 10-15 非晶态铝合金与其他合金的强度比较

材料类型	抗拉强度/MPa	比强度/[MPa/(g·cm⁻³)]
非晶态合金	1140	3.8×10^2
超硬铝	520	1.9×10^2
马氏体钢	1890	2.4×10^2
铁合金	1100	2.4×10^2

10.7.4 超导材料

超导材料是近年发展最快的功能材料之一。超导体是指在一定温度下材料电阻为零，物质内部失去磁通成为完全抗磁性的物质。

超导现象是荷兰物理学家昂内斯（Onnes）在1911年首先发现的。他在检测水银低温电阻时发现，温度低于4.2K时电阻突然消失。这种零电阻现象称为超导现象，出现零电阻的温度称为临界温度T_c。T_c是物质常数，同一种材料在相同条件下具有确定值。T_c的高低是超导材料能否实际应用的关键。1933年，迈斯纳（Meissner）发现超导的第二个标志——完全抗磁，当金属在超导状态时，它能将通过其内部的磁力线排出体外，称为迈斯纳效应。零电阻和完全抗磁性是超导材料的两个最基本的宏观特性。T_c值越高，超导体的使用价值越大。由于大多数超导材料的T_c值都太低，必须用液氦才能降到所需温度，这样不仅费用昂贵而且操作不便，因而许多科学家都致力于提高T_c值的研究工作。到20世纪80年代中期，超导材料研究取得突破性进展。中国、美国、日本等先后获得T_c高达90K以上的Y-Ca-Cu-O高温超导材料，而后又研制出T_c超过120K的高温超导材料。这些结果已成为超导技术发展史上的重要里程碑，使在液氮温度下使用的超导材料变为现实，这必将对许多科学技术领域产生难以估计的深远影响。至今，对高温超导的研究仍方兴未艾。

超导材料一般分为超导合金（如Nb-Zr系和Ti-Nb系合金）、超导陶瓷和超导聚合物等。1986年超导陶瓷的出现，使超导体的T_c获得重大突破。T_c高于120K的铊钡钙铜氧材料就属于超导陶瓷材料。

超导材料在工业中有重大应用价值：

（1）在电力系统方面　超导电力储存是目前效率最高的储存方式。利用超导输电可大大降低目前高达7%左右的输电损耗。超导磁体用于发电机，可大大提高发电机中的磁感应强度，提高发电机的输出功率。利用超导磁体实现磁流体发电，可直接将热能转换为电能，使发电效率提高50%～60%。

（2）在运输方面　超导磁悬浮列车是在车底部安装许多小型超导磁体，在轨道两旁埋设一系列闭合的铝环。列车运行时，超导磁体产生的磁场相对于铝环运动，铝环内产生的感应电流与超导磁体相互作用，产生的浮力使列车浮起。列车速度越高，浮力越大。磁悬浮列车时速可达500km。

（3）在其他方面　超导材料可用于制作各种高灵敏度的器件，利用超导材料的隧道效应可制造运算速度极快的超导计算机等。

10.7.5 纳米材料

纳米材料是指纳米颗粒和由它们构成的纳米薄膜和固体，是一种结构尺寸在1～100nm（$1nm=10^{-9}m$）范围内的超细材料。

自从20世纪80年代纳米技术诞生以来，对纳米材料的制备、性能和应用等方面的研究引起世界各国的广泛重视，它已成为新世纪最有发展前景的新材料和新技术之一。

由于纳米粒子的超细化，其晶体结构和表面电子结构发生了一系列变化，产生了一般宏观物体所不具备的量子尺寸效应、小尺寸效应、表面效应和宏观量子隧道效应，从而使由纳米超微粒组成的纳米材料和常规材料相比，在电、磁、光、力、热和化学等方面具有了一系列奇异的性能。例如，纳米粉末外观呈黑色，可强烈吸收电磁波，是物理学上的理想黑体，因此可作为吸收红外线、雷达波的隐身材料，在现代隐身战机上有重要作用；纳米粉末熔点普遍比大块金属低得多，烧结温度可大为降低，许多纳米微粒在极低温度下几乎无热阻，导热性能好；一些纳米微粒导电性能好，超导转变温度较高；铁磁性金属的纳米粉末具有很强的磁性，磁矫顽力很高，制成的磁记录材料其信噪比和稳定性很高。此外，纳米材料比表面积大，敏感度高，可作为高效催化剂和高灵敏度的传感器；由于其极小的线性尺寸，可用于医学和生物工程方面疾病的检查，提高药物疗效和细胞分离等。由纳米粒子凝聚而成的块体或薄膜等纳米结构材料使人们设计新型材料成为可能，如将金属纳米颗粒放入常规陶瓷中可大大改善材料的力学性能。

除以上几种金属和非金属新型材料外，现在还有新型超硬材料、超塑性材料、磁性材料、电子信息材料和压电陶瓷等新型功能材料等。新型材料正在取得日新月异的发展。

10.8　铝合金车轮的选材

为满足现代汽车对轻量化、高速化、现代化的要求，现在很多都采用铝合金（主要是铸造铝合金）制造车轮。

铝合金车轮具有许多钢制车轮无法比拟的特点。

1）重量轻，节能效果明显。整车减少自重可以节油人所共知。车轮处于整车重心最低位置的行驶部位，体现整车的节能效果更是举足轻重。

2）散热快，整车安全性高。铝合金车轮的高导热性能，极有利于轿车因高速行驶轮胎发热后的散热，与相同条件下的钢车轮比较，减少了轿车长距离高速行驶产生爆胎的可能，明显提高了轿车高速行驶的安全性能。不仅如此，由于铝合金车轮良好的散热效果，凡与其直接接触的零配件（如制动闸等）也相对提高了寿命。同时，铝合金车轮的结构和精度更有利于安装子午线轮胎，更易实现现代车轮的“无内胎化”。

3）尺寸精度高，整车行驶性能好。铸造铝合金车轮最终都需要经数控机床进行机械加工，所以车轮的直径精度、轴向跳动精度和径向圆跳动精度都更为突出。这使整车在行驶中的抓地性、偏摆性、平稳性和制动性等，都优越于传统的辊轧车轮。车轮的尺寸精度直接影响整车的行驶性能。高速行驶的车轮必须在具有足够精度的前提下，才能确保整车的高速和平稳行驶。同样，车轮的高精度也有利于提高车辆起动和变速的灵敏度。

4）多变的时尚款式，更适应现代化整车的要求。款式易于任意变换，用铸造法生产的铝合金车轮，可以制出更合理美观的空间曲面和形状，以吻合不同车型，迎合不同用户的要求。

习题与思考题

1. 铝硅合金为什么进行变质处理，其主要用途有哪些？
2. 铜合金分为几类？举例说明各类铜合金的牌号、性能特点和用途。
3. 黄铜分为几类？合金元素在铜中的作用是什么？为什么工业黄铜中锌的质量分数不超过45%？
4. 轴承合金必须具备哪些特性？其组织有何特点？常用滑动轴承合金有哪些？
5. 指出下列代号、牌号合金的类别、主要合金元素及主要性能特征：

LF11　LC4　ZL102　ZL203　H68　HPb59－1　ZCuZn16Si4

YZCuZn30Al3　QSn4－3　QBe2　ZCuSn10Pb1　ZSnSb11Cu6

项目十一　汽车保险杠的选材——非金属材料的应用

[问一问，想一想]：

汽车保险杠应选用什么材料制造？你所知道的非金属材料都有哪些？

[学习目标]：

1）了解并分析汽车保险杠的工作条件。

2）重点了解各种非金属材料的种类、性能与应用。

3）了解复合材料的种类、性能与应用。

4）学会汽车保险杠的选材。

11.1　汽车保险杠的服役条件分析

汽车保险杠如图 11-1 所示。

前后保险杠是汽车外覆盖独立的总成，它的功能是对车辆起到安全保护作用，吸收缓和外界冲击力、防护车身前部和后部的安全装置；在设计上又要讲究造型美观，追求与车体造型的和谐与统一，追求本身的轻量化；还要从空气动力学上考虑如何减少空气阻力；一般采用非金属材料制成。

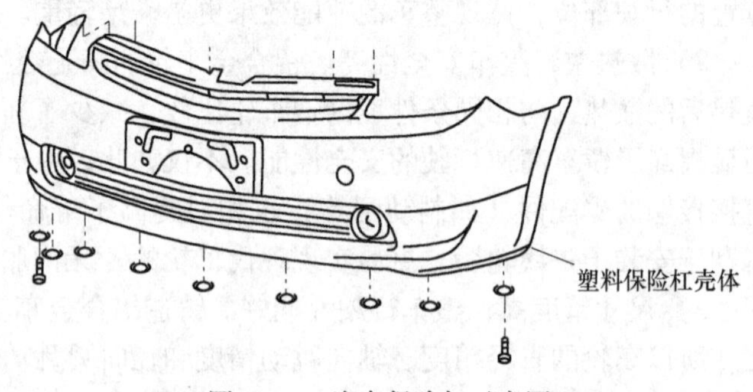

图 11-1　汽车保险杠示意图

非金属材料是指除金属以外的其他一切材料。这类材料发展迅速，种类繁多，已在各工业领域中广泛应用。在机械制造中使用的非金属材料主要包括有机高分子材料（如塑料、合成橡胶、合成纤维、胶粘剂、涂料及液晶等）和陶瓷材料（如陶瓷器、玻璃、水泥、耐火材料及各类新型陶瓷材料等），其中工程塑料和工程陶瓷在工程结构中占有重要的地位。

11.2　高分子材料

高分子化合物包括有机高分子化合物和无机高分子化合物两大类，有机高分子有合成的和天然的。工程中使用的有机高分子材料主要是人工合成的高分子聚合物，简称高聚物。

11.2.1　高聚物的人工合成

高聚物是通过聚合反应以低分子化合物结合形成的。聚合反应有加聚反应和缩聚反应两种。

（1）加聚反应　加聚反应是由一种或多种单体相互加成而连接成聚合物的反应。这种反应没有低分子副产物生成。其中，单体为一种的叫均加聚，例如乙烯加聚成聚乙烯；单体为两种或两种以上的则称为共加聚，ABS工程塑料就是由丙烯腈、丁二烯和苯乙烯三种单体共聚合成的。在生产人造橡胶时广泛采用共聚反应。均聚物的产量很大，应用广泛，但由于其结构的限制，性能存在一些不足。而共聚物则可以通过改变单体，进而改进聚合物的性能。组成共聚物的单体不同，单体的排列方式不同及各种单体所占比例的不同都将使共聚物的性能发生很大的变化，这是对均聚物实行改性，制造新品种高聚物的重要途径。

（2）缩聚反应　缩聚反应是由一种或多种单体相互作用而连接成高聚物，同时析出新的低分子副产物的反应，其单体是含有两种或两种以上活泼官能团的低分子化合物。按照参加反应的单体不同，缩聚反应分为均缩聚和共缩聚两种。酚醛树脂（电木）、聚酰胺（尼龙）、环氧树脂等都是缩聚反应产物。缩聚反应比加聚反应复杂。

11.2.2　有机高分子材料的组成及性能特点

1. 有机高分子材料的组成

有机高分子材料以高聚物为主要组分，再添加各种辅助组分而成。前者称为基料，例如合成高聚物（树脂、生橡胶）等；后者称为添加剂，例如填充剂、增塑剂、软化剂、固化剂、稳定剂、防老化剂、润滑剂、发泡剂、着色剂等。

基料是主要组分，对高分子材料起决定性能的作用；添加剂是辅助组分，对材料起改善性能、补充性能的作用。

2. 有机高分子材料的性能特点

与金属材料相比，高分子材料的力学性能有如下特点：

1）比强度高。高聚物的抗拉强度平均为100MPa左右，远远低于金属，但由于其密度低，故其比强度并不低于金属。玻璃钢的强度比合金结构钢高，而其重量却轻得多。

2）高弹性和低弹性模量。其实质就是弹性变形量大而弹性变形抗力小，这是高聚物特有的性能。不管是线型还是体型的高分子化合物都有一定的弹性。

3）高耐磨性和低硬度。高聚物硬度远低于金属，但耐磨性优于金属。有些高聚物摩擦因数小，且本身就具有润滑性能，例如聚四氟乙烯、尼龙等。

有机高分子材料的物理性能特点主要表现在以下几个方面：

1）电绝缘性优良。高聚物中原子一般是以共价键相结合，因而不易电离，导电能力低，绝缘性能好。

2）耐热性差。耐热性指材料在高温下长期使用保持性能不变的能力。由于高聚物链段间的分子间力较弱，在同时受热、受力时易发生链间滑脱和位移而导致材料软化、熔化。

3）导热性低。高分子材料的线胀系数约为金属的3～4倍，在机械中会因膨胀变形过量而引起开裂、脱落、松动等。

高聚物在化学性能方面的特点主要表现为化学稳定性高，在碱、酸、盐中耐蚀性较强，如聚四氟乙烯在沸腾的王水中仍很稳定。但某些高聚物在某些特定的溶剂和油中会发生软化、熔胀的现象。

高聚物在长期使用或存放过程中，由于外界物理、化学及生物因素的影响（如热、光、辐射、氧和臭氧、酸碱、微生物的作用等)，使得聚合物内部结构发生变化，从而导致聚合物的性能随时间延长逐渐恶化，直至丧失使用功能，这个过程称为老化。发生老化时，橡胶主要为龟裂或变软、变粘；塑料主要是脱色、失去光泽、开裂等；这些现象均是不可逆的。因此，老化是高聚物的一大弱点。造成高聚物老化的原因主要有两点：一是分子链产生交联或支化，使性能变硬、变脆；二是大分子发生断链或裂解，使相对分子质量降低（这个过程称为降解)，使聚合物发软变粘，力学性能劣化。一般可通过表面防护、加入抗老化剂等手段提高高聚物的抗老化能力。

11.2.3 工程塑料

1. 塑料的组成

塑料一般以合成树脂（高聚物）为基础，再加入各种添加剂而制成。

（1）合成树脂　合成树脂即人工合成线型高聚物，是塑料的主要组分（约占40%～100%)，对塑料的性能起着决定性作用，故绝大多数塑料以树脂的名称命名。合成树脂受热时呈软化或熔融状态，因而塑料具有良好的成形能力。

（2）添加剂　添加剂是为改善塑料的使用性能或成型工艺性能而加入的辅助组分。

1）填料（填充剂)：主要起增强作用，还可使塑料具有所要求的性能。如加入铝粉可提高对光的反射能力和防老化；加入二硫化钼可提高自润滑性；加入云母粉可提高电绝缘性；加入石棉粉可提高耐热性等。另外，有一些填料比树脂便宜，加入后可降低塑料成本。

2）增塑剂：为提高塑料的柔软性和可成形性而加入的物质，主要是一些低熔点的低分子有机化合物。合成树脂中加入增塑剂后，大分子链间距离增大，降低了分子链间作用力，增加了大分子链的柔顺性，因而使塑料的弹性、韧性、塑性提高，强度、刚度、硬度、耐热性降低。加入增塑剂的聚氯乙烯比较柔软，而未加入增塑剂的聚氯乙烯则比较刚硬。

3）固化剂（交联剂)：加入到某些树脂中可使线型分子链间产生交联，从而由线型结构变成体型结构，固化成刚硬的塑料。

4）稳定剂（防老化剂)：其作用是提高树脂在受热、光、氧等作用时的稳定性。

此外，还有为防止塑料在成形过程中粘在模具上，并使塑料表面光亮美观而加入的润滑剂；为使塑料具有美丽的色彩加入的有机染料或无机颜料等着色剂；以及发泡剂、阻燃剂、抗静电剂等。总之，根据不同的塑料品种和性能要求，可加入不同的添加剂。

2. 塑料的分类

塑料按树脂的热性能分为热塑性塑料与热固性塑料两类。

1）热塑性塑料。这类塑料为线型结构分子链，加热时会软化、熔融，冷却时会凝固、变硬，此过程可以反复进行。典型的品种有聚乙烯、聚氯乙烯、聚丙烯、聚苯乙烯、聚酰胺（尼龙)、ABS、聚甲醛、聚碳酸酯、聚砜、聚四氟乙烯（F－4)、聚苯醚、聚氯醚、有机玻璃（聚甲基丙烯酸甲酯）等。这类塑料机械强度较高，成型工艺性能良好，可反复成型、再生使用。但耐热性与刚性较差。

2）热固性塑料。这类塑料为密网型结构分子链，其形成是固化反应的结果。具有线型结构的合成树脂，初加热时软化、熔融，进一步加热、加压或加入固化剂，通过共价交联而固化。固化后再加热，则不再软化、熔融。品种有酚醛塑料、氨基塑料、环氧树脂、不饱和聚酯树脂、有机硅树脂等构成的塑料。这类塑料具有较高的耐热性与刚性，但脆性大，不能反复成形与再生使用。

塑料按应用范围分为通用塑料、工程塑料和其他塑料（如耐热塑料）三类。

1）通用塑料。主要指产量大、用途广、价格低廉的聚乙烯、聚氯乙烯、聚苯乙烯、聚丙烯、酚醛塑料等几大品种，它们约占塑料总产量的75%以上，广泛用于工业、农业和日常生活各个方面，但其强度较低。

2）工程塑料。主要指用于制作工程结构、机器零件、工业容器和设备的塑料。最重要的有聚甲醛、聚酰胺（尼龙）、聚碳酸酯、ABS四种，还有聚砜，聚氯醚、聚苯醚等。这类塑料具有较高的强度，弹性模量、韧性、耐磨性、耐蚀性和耐热性较好。目前工程塑料发展十分迅速。

3）其他塑料。例如耐热塑料，一般塑料的工作温度不超过100℃，耐热塑料可在100～200℃，甚至更高的温度下工作，如聚四氟乙烯（F－4）、聚三氟乙烯、有机硅树脂，环氧树脂等。随着塑料性能的改善和提高，新塑料品种的不断出现，通用塑料、工程塑料和耐热塑料之间也就没有明显的界限了。

3. 常用工程塑料的性能和用途

工程塑料相对金属来说，具有密度小、比强度高、耐腐蚀、电绝缘性好、耐磨和自润滑性好，还有透光、隔热、消音、吸振等优点，也有强度低、耐热性差、容易蠕变和老化的缺点。而不同类别的塑料也有着各自不同的性能特点。表11-1和表11-2分别列出了工业上常用的热塑性塑料和热固性塑料的性能特点和用途。除此之外，还有以两种或两种之上的聚合物，用物理或化学方法共混而成的共混聚合物，这在塑料工业中称塑料合金。这使可供选用的工程塑料的性能范围更加广泛。

表11-1　常用热塑性塑料的性能特点和用途

<table>
<tr><th>名称（代号）</th><th>主要性能特点</th><th>用途举例</th></tr>
<tr><td rowspan="3">聚氯乙烯（PVC）</td><td>硬质聚氯乙烯强度较高，电绝缘性优良，对酸、碱的抵抗力强，化学稳定性好，可在－15～60℃使用，良好的热成形性能，密度小</td><td>化工耐蚀的结构材料，如输油管、容器、离心泵、阀门管件，用途很广</td></tr>
<tr><td>软质聚氯乙烯强度不如硬质，但断后伸长率较大，有良好的电绝缘性，可在－15～60℃使用</td><td>电线、电缆的绝缘包皮，农用薄膜，工业包装。但因有毒，故不适于包装食品</td></tr>
<tr><td>泡沫聚氯乙烯质轻、隔热、隔音、吸振</td><td>泡沫聚氯乙烯衬垫、包装材料</td></tr>
<tr><td>聚乙烯（PE）</td><td>低压聚乙烯质地坚硬，有良好的耐磨性、耐蚀性和电绝缘性能，而耐热性差，在沸水中变软；高压聚乙烯是聚乙烯中最轻的一种，其化学稳定性高，有良好的高频绝缘性、柔软性，耐冲击性和透明性；超高分子聚乙烯冲击强度高，耐疲劳，耐磨，需冷压浇注成形</td><td>低压聚乙烯用于制造塑料板、塑料绳，承受小载荷的齿轮、轴承等；高压聚乙烯最适宜吹塑成薄膜、软管、塑料瓶等用于食品和药品包装的制品，超高分子量聚乙烯可作减摩、耐磨件及传动件，还可制作电线及电缆包皮等</td></tr>
<tr><td>聚丙烯（PP）</td><td>密度小，是常用塑料中最轻的一种。强度、硬度、刚性和耐热性均优于低压聚乙烯，可在100～120℃长期使用；几乎不吸水，并有较好的化学稳定性，优良的高频绝缘性，且不受温度影响。但低温脆性大，不耐磨，易老化</td><td>制作一般机械零件，如齿轮、管道、插头等耐蚀件，如泵叶轮、化工管道、容器、绝缘件；制作电视机、收音机、电扇、电动机罩等</td></tr>
</table>

（续）

名称（代号）	主要性能特点	用途举例
聚酰胺（通称尼龙）（PA）	无味、无毒；有较高强度和良好韧性；有一定耐热性，可在100℃下使用。优良的耐磨性和自润滑性，摩擦因数小，良好的消音性和耐油性，能耐水、油、一般溶剂；耐蚀性较好；抗霉菌；成形性好。但蠕变值较大，导热性较差（约为金属的1/1000），吸水性高，成形收缩率较大	常用的尼龙6、尼龙66、尼龙610、尼龙1010等。用于制造要求耐磨、耐蚀的某些承载和传动零件，如轴承、齿轮、滑轮、螺钉、螺母及一些小型零件；还可作高压耐油密封圈，喷涂金属表面作防腐耐磨涂层
聚甲基丙烯酸甲酯（俗称有机玻璃）（PMMA）	透光性好，可透过99%以上太阳光；着色性好，有一定强度，耐紫外线及大气老化，耐腐蚀，优良的电绝缘性能，可在－60～100℃使用。但质较脆，易溶于有机溶剂中，表面硬度不高，易擦伤	制作航空、仪器、仪表、汽车和无线电工业中的透明件与装饰件，如飞机座窗、灯罩、电视、雷达的屏幕、油标、油杯、设备标牌、仪表零件等
苯乙烯－丁二烯－丙烯腈共聚体（ABS）	性能可通过改变三种单体的含量来调整。有高的冲击韧性和较高的强度，优良的耐油、耐水性和化学稳定性，好的电绝缘性和耐寒性，高的尺寸稳定性和一定的耐磨性。表面可以镀饰金属，易于加工成形，但长期使用易起层	制作电话机、扬声器、电视机、电动机、仪表的壳体，齿轮、泵叶轮，轴承，把手，管道，储槽内衬，仪表盘，轿车车身，汽车扶手等
聚甲醛（POM）	优良的综合力学性能，耐磨性好，吸水性差，尺寸稳定性高，着色性好，良好的减摩性和抗老化性，优良的电绝缘性和化学稳定性，可在－40～100℃范围内长期使用；但加热易分解，成形收缩率大	制作减摩、耐磨传动件，如轴承、滚轮、齿轮电气绝缘件、耐蚀件及化工容器等
聚四氟乙烯（也称塑料王）（F－4）	几乎能耐所有化学药品的腐蚀；良好的耐老化性及电绝缘性，不吸水；优异的耐高、低温性，在－195～250℃可长期使用；摩擦因数很小，有自润滑性。但其高温下不流动，不能热塑成形，只能用类似粉末冶金的冷压、烧结成形工艺，高温时会分解出对人体有害气体，价格较高	制作耐蚀件、减摩耐磨件、密封件、绝缘件，如高频电缆、电容线圈架以及化工用的反应器、管道等
聚砜（PSF）	双酚A型：优良的耐热、耐寒、耐候性，抗蠕变及尺寸稳定性，强度高，优良的电绝缘性，化学稳定性高，可在－100～150℃长期使用，但耐紫外线较差，成形温度高	制作高强度、耐热件、绝缘件、减摩耐磨件、传动件，如精密齿轮、凸轮、真空泵叶片、仪表壳体和罩，耐热和绝缘的仪表零件，汽车护板、仪表盘、衬垫和垫圈、计算机零件、电镀金属制成集成电子印刷电路板
	非双酚A型：耐热、耐寒，在－240～260℃长期工作，硬度高、能自熄、耐老化、耐辐射、力学性能及电绝缘性都好，化学稳定性高，但不耐极性溶剂	
氯化聚醚（或称聚氯醚）	极高的耐化学腐蚀性，易于加工，可在120℃下长期使用，良好的力学性能和电绝缘性，吸水性很差，尺寸稳定性好，但耐低温性较差	制作在腐蚀介质中的减摩、耐磨传动件，精密机械零件，化工设备的衬里和涂层等
聚碳酸酯（PC）	透明度高达86%～92%，使用温度－100～130℃，韧性好、耐冲击、硬度高、抗蠕变、耐热、耐寒、耐疲劳、吸水性好、电性能好。有应力开裂倾向	飞机座舱罩，防护面盔，防弹玻璃及机械电子、仪表的零部件

表 11-2　常用热固性塑料的性能特点和用途

名称（代号）	主要性能特点	用途举例
聚氨酯塑料（PUR）	耐磨性优越，韧性好，承载能力强，低温时硬而不脆裂，耐氧、臭氧，耐候，耐许多化学药品和油，抗辐射，易燃；软质泡沫塑料吸音和减振优良，吸水性强；硬质泡沫高低温隔热性能优良	密封件，传动带，隔热、隔音及防振材料，齿轮，电气绝缘件，实心轮胎，电线电缆护套，汽车零件
酚醛塑料（俗称电木）（PF）	高的强度、硬度及耐热性，工作温度一般在100℃以上，在水润条件下具有极小的摩擦因数，优异的电绝缘性，耐蚀性好（除强碱外），耐霉菌，尺寸稳定性好。但质较脆、耐光性差、色泽深暗，加工性差，只能模压	制作一般机械零件，水润滑轴承，电绝缘件，耐化学腐蚀的结构材料和衬里材料等，如仪表壳体、电气绝缘板、绝缘齿轮、整流罩、耐酸泵、刹车片等
环氧塑料（EP）	强度较高，韧性较好，电绝缘性优良，防水、防潮、防霉、耐热、耐寒，可在-80~200℃范围内长期使用，化学稳定性较好，固化成形后收缩率小，对许多材料的粘结力强，成形工艺简单，成本较低	塑料模具、精密量具、机器仪表和电气结构零件，电气、电子元件及线圈的灌注、涂覆和包封以及修复机件等
有机硅塑料	耐热性好，可在180~200℃下长期使用，电绝缘性优良，高压电弧，高频绝缘性好，防潮性好，有一定的耐化学腐蚀性，耐辐射、耐火焰、耐臭氧，也耐低温，但价格较高	高频绝缘件，湿热带地区电动机、电器绝缘件，电气、电子元件及线圈的灌注与固定，耐热件等
聚对-羟基苯甲酸酯塑料	是一种新型的耐热性热固性工程塑料。具有突出的耐热性，可在315℃下长期使用，短期使用温度范围为371~427℃，热导率极高，比一般塑料高出3~5倍，很好的耐磨性和自润滑性，优良的电绝缘性、耐溶剂性和自熄性	耐磨、耐蚀及尺寸稳定的自润滑轴承，高压密封圈，汽车发动机零件，电子和电气元件以及特殊用途的纤维和薄膜等

11.2.4　合成橡胶

1. 橡胶的特性和应用

橡胶是在室温下处于高弹态的高分子材料，最大的特性是高弹性，其弹性模量很低，只有1~10MPa；弹性变形量很大，可达100%~1000%；具有优良的伸缩性和积储能量的能力；此外，还有良好的耐磨性，隔音性、阻尼性和绝缘性。

橡胶在工业上应用相当广泛，可用于制作轮胎、动静态密封件（如旋转轴、管道接口密封件）、减振、防振件（如机座减振垫片、汽车底盘橡胶弹簧）、传动件（如传动带、传动滚子）、运输胶带和管道、电线、电缆和电工绝缘材料、制动件等。

2. 橡胶的组成

橡胶制品是以生胶为基础加入适量的配合剂组成的。

（1）生胶　未加配合剂的天然或合成的橡胶统称生胶。天然橡胶综合性能好，但产量不能满足日益增长的需要，而且也不能满足某些特殊性能要求。

（2）配合剂　为了提高和改善橡胶制品的各种性能而加入的物质称为配合剂。配合剂种类很多，其中主要是硫化剂，其作用类似于热固性塑料中的固化剂，它使橡胶分子链间形成横链，适当交联，成为网状结构，从而提高橡胶的力学性能和物理性能。常用的硫化剂是硫磺和硫化物。为提高橡胶的力学性能，如强度、硬度、耐磨性和刚性等，还需加入填料，使用最普遍的是炭黑，以及作为骨架材料的织品、纤维、甚至金属丝或金属编织物。填料的加入还可减少生胶用量，降低成本。其他配合剂还有为加速硫化过程，提高硫化效果而加入的硫化促进剂；用以增加橡胶塑性，改善成型工艺性能的增塑剂；以及防止橡胶老化加入的防老化剂（抗氧化剂）等。

3. 常用橡胶

橡胶按原料来源分为天然橡胶与合成橡胶，按用途分为通用橡胶和特种橡胶。天然橡胶属通用橡胶，广泛用于制造轮胎、胶带、胶管等。常用合成橡胶的性能与用途列于表 11 - 3。其中，产量最大的是丁苯橡胶，占橡胶总产量的 60% ~70%，发展最快的是顺丁橡胶。特种橡胶价格较贵，主要用于要求耐热、耐寒、耐蚀的特殊环境。

表 11 - 3 橡胶的种类、性能和用途

性能	通用橡胶							特种橡胶			
	天然橡胶 NR	丁苯橡胶 SBR	顺丁橡胶 BR	丁基橡胶 HR	氯丁橡胶 CR	丁腈橡胶 NBR	乙丙橡胶 EPDM	聚氨酯 PUR	氟橡胶 FDM	硅橡胶	聚硫橡胶
抗拉强度/MPa	25 ~30	15 ~21	18 ~25	17 ~21	25 ~27	15 ~30	10 ~25	20 ~35	20 ~22	4 ~10	9 ~15
伸长率（%）	650 ~900	500 ~800	450 ~800	650 ~800	800 ~1000	300 ~800	400 ~800	300 ~800	100 ~500	50 ~500	100 ~700
抗撕性	好	中	中	中	好	中	好	中	中	差	差
使用温度上限/℃	<100	80 ~120	120	120 ~170	120 ~150	120 ~170	150	80	300	-100 ~300	80 ~130
耐磨性	中	好	好	中	中	中	中	好	中	差	差
回弹性	好	中	好	中	中	中	中	中	中	差	差
耐油性		—	—	中	好	好	—	好	好	—	好
耐碱性	—	—		好	好	—	—	差	好	—	好
耐老化	—	—	—	好	—	—	好	—	好	—	好
成本		高			高				高	高	
使用性能	高强、绝缘、防振	耐磨	耐磨、耐寒	耐酸碱、气密、防振、绝缘	耐酸、耐碱、耐燃	耐油、耐水、气密	耐水、绝缘	高强、耐磨	耐油、耐酸碱、耐热、真空	耐热、绝缘	耐油、耐酸碱
工业举例	通用制品、轮胎	通用制品、胶布、胶板、轮胎、胶管	轮胎、耐寒运输带、V 带减振器	内胎、水胎、化工衬里、防振品	油罐衬、管道、胶带、电缆皮、门窗嵌条	耐油垫圈、油管、油槽衬	汽车配件、散热管、电绝缘件、耐热运输带	实心胎、胶辊、耐磨件、特种垫圈	化工衬里、高级密封件、高真空胶件	耐高低温零件、绝缘件、管道接头	丁腈改性用

11.2.5　胶粘剂

胶粘剂是一种能将同种或不同种材料粘合在一起，并在胶接面有足够强度的物质，它能起胶接、固定、密封、浸渗、补漏和修复的作用。胶接已与铆接、焊接并列为三种主要连接工艺。

1. 胶粘剂的组成

胶粘剂以富有粘性的物质为基础，并以固化剂或增塑剂、增韧剂、填料等改性剂为辅料。

（1）粘料　有机胶粘剂包括树脂、橡胶、淀粉、蛋白质等高分子材料；无机胶粘剂包括硅酸盐类、磷酸盐类、陶瓷类等。

（2）固化剂　某些胶粘剂必须添加固化剂才能使基料固化而产生胶接强度。例如环氧胶粘剂需加胺、酸酐或咪唑等固化剂。

（3）改性剂　用以改善胶粘剂的各种性能。有增塑剂、增韧剂、增粘剂、填料、稀释剂、稳定剂、分散剂、偶联剂、触变剂、阻燃剂、抗老化剂、发泡剂、消泡剂、着色剂和防腐剂等，有助于胶粘剂的配制、储存、加工工艺及性能等方面的改进。

2. 胶粘剂的分类原则及表示方法

通常将胶粘剂按应用性能分为以下几类：

1）结构胶。胶接强度较高，抗剪强度大于15MPa，能用于受力较大的结构件胶接。

2）非（半）结构胶。胶接强度较低，但能用于非主要受力部位或构件。

3）密封胶。涂胶面能承受一定压力而不泄漏，起密封作用。

4）浸渗胶。渗透性好，能浸渗铸件等，堵塞微孔沙眼。

5）功能胶。具有特殊功能性如导电、导磁、导热、耐热、耐超低温、应变及点焊胶接等，以及具有特殊的固化反应，如厌氧性、热熔性、光敏性、压敏性等。

GB/T 13553—1996 规定了胶粘剂按主要粘料、物理形态、硬化方法和被粘物材质的分类方法及其代号的编写方法。用三段式的代号来表示一种胶粘剂产品。第一段用三位数字分别代表胶粘剂主要粘料的大类、小类和组别（见表11-4）；第二段的左边部分用一位阿拉伯数字代表胶粘剂的物理形态，右边部分用小写英文字母代表胶粘剂的硬化方法；第三段用不多于三个大写的英文字母代表被粘物。

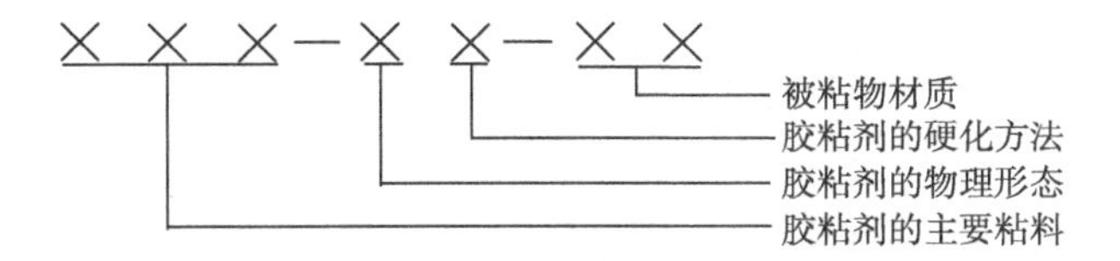

表11-4　胶粘剂主要粘料的大类及部分小类、组别

序号	大类（编号）	部分小类、组别（编号）
1	动物胶（100）	血液胶（110）、骨胶（121）、皮胶（122）等
2	植物胶（200）	羧甲基纤维素（211）、淀粉（221）、天然树脂类（230）、天然橡胶类（250）等

（续）

序号	大类（编号）	部分小类、组别（编号）
3	无机物及矿物胶（300）	硅酸钠（311）、磷酸盐（313）、金属氧化物（315）、石油树脂（321）、石油沥青（322）等
4	合成弹性体（400）	丁苯橡胶（412）、丁腈橡胶（413）、丁基橡胶、（424）、氯丁橡胶（431）、硅橡胶（441）、聚硫（474）、丙烯酸酯橡胶（481）等
5	合成热塑性材料（500）	聚乙酸乙烯酯（511）、聚乙烯醇缩醛（515）、聚苯乙烯类（520）、丙烯酸酯聚合物（531）、氰基丙烯酸酯（534）、聚氨酯类（550）、聚酰胺类（570）、聚砜（582）
6	合成热固性材料（600）	环氧树脂类（620）、有机硅树脂类（640）、聚氨酯类（650）、酚醛树脂类（660）、呋喃树脂类（680）、杂环聚合物（690）等
7	热固性、热塑性材料与弹性体复合（700）	酚醛—丁腈型（711）、酚醛—氯丁型（712）、酚醛—环氧型（713）、酚醛—缩醛型（714）、环氧—聚砜型（723）、环氧—聚酰胺型（724）、其他复合型结构胶粘剂（730）等

3. 常用胶粘剂

（1）结构胶粘剂　常用的结构胶粘剂主要有三大类：改性环氧胶粘剂、改性酚醛树脂胶粘剂、无机胶粘剂，目前应用的结构胶粘剂大都为混合型。酚醛树脂胶粘剂是发展最早、价格最廉的合成胶粘剂，主要用于胶接木材生产胶合板。后来加入橡胶或热塑性树脂进行改性，制成韧性好、耐热、耐油水、耐老化、强度大的结构胶粘剂，广泛用于飞机制造、尖端技术和各生产领域。其中以酚醛—缩醛胶和酚醛—丁腈胶最为重要。

（2）非（半）结构胶粘剂　非（半）结构胶粘剂包括聚氨酯胶粘剂、丙烯酸酯胶粘剂、不饱和聚酯胶粘剂、α—氰基丙烯酸酯胶、有机硅胶粘剂、橡胶胶粘剂、热熔胶粘剂、厌氧胶粘剂等。丙烯酸酯胶粘剂的特点是不需称量和混合，使用方便，固化迅速，强度较高，适用于胶接多种材料；其品种很多，性能各异，主要有工业常用的502胶、501胶等。

（3）密封胶粘剂　密封胶粘剂（简称密封胶）以合成树脂或橡胶为基料，制成黏稠液态或固态物质，涂于各种机械接合部位，防止渗漏、机械松动或冲击损伤等，起到密封作用。密封胶可分为非粘结型与粘结型两类，可用于汽车、机床及各类机械设备的零部件，如法兰、轴承、管道、油泵等的密封，螺纹、铆接、镶嵌、接插处缝隙的密封，以及电子元件的灌封、绝缘密封等。表11-5介绍了部分常用胶粘剂的特点和用途。

表11-5　部分常用胶粘剂的特点和用途

品种	主要成分	特点	固化条件	用途举例
环氧—尼龙胶	环氧或改性环氧、尼龙、固化剂	强度高，但耐潮湿和耐老化性较差，双组分	高温	一般金属结构件的胶接
环氧—聚砜胶	环氧、聚砜、固化剂	强度高，耐湿热老化，耐碱性好，单组分或双组分	高温或中温	金属结构件的胶接，高载荷接头、耐碱零件的胶接
环氧—酚醛胶	环氧、酚醛	耐热性好，可达200℃，单组分、双组分或胶膜	高温	耐150～200℃金属工件的胶接

（续）

品种	主要成分	特点	固化条件	用途举例
环氧—聚氨酯胶	环氧、聚酯、异氰酸酯、固化剂	韧性好，耐超低温好，可在 -196℃下使用，双组分	室温或中温	金属工件的胶接，超低温工件的胶接，低温密封
环氧—聚硫胶	环氧、聚硫橡胶、固化剂	韧性好，双组分	室温或中温	金属、塑料、陶瓷、玻璃钢的胶接
环氧—丁腈胶	环氧、丁腈橡胶固化剂	韧性好，双组分	室温或中温	100℃下使用的受冲击金属件的胶接
	改性环氧、丁腈橡胶、增塑剂、填潜性固化剂、促进剂	200 ~ 250℃、5min内即可固化，耐冲击，单组分	中温或高温	金属、非金属结构件的胶接，“粘接磁钢”的制造，电动机磁性槽楔引拔成形，玻璃布与铁丝的胶接
酚醛—缩醛胶	酚醛、聚乙烯醇缩醛	强度高、耐老化，能在150℃下长期使用	高温	金属、陶瓷、塑料、玻璃钢等的胶接
酚醛—丁腈胶	酚醛、丁腈橡胶	韧性好，耐热、耐老化性较好	高温	250℃以下使用的金属工件的胶接
氧化铜磷酸盐无机胶	氧化铜磷酸、氢氧化铝	耐热在600℃以上，配胶、施工轻易，适用于槽接、套接	室温或中温	金属、陶瓷、刀具、工模具等的胶接和修补
硅酸盐无机胶	硅酸盐、磷酸铝、少量氧化锆或氧化硅、硅酸钠	耐热性高，可达1000 ~ 1300℃，质较脆，固化工艺不便，适于槽接、套接	室温到高温	金属、陶瓷高温零部件的胶接
预聚体型聚氨酯胶	二异氰酸酯与多羟基树脂预聚体、多羟基树脂，如聚醚、聚酯、环氧树脂等	胶接强度高，耐低温性（ - 196℃）极好，能胶接多种材料	室温或中温	金属、塑料、玻璃、皮革、陶瓷、纸张、织物、木材等的胶接，低温零件的胶接、修补
反应型（第二代）丙烯酸酯胶	甲基丙烯酸甲酯、甲基丙烯酸、弹性体、促进剂、引发剂	双组分，不需称量和混合，固化快，湿润性强，对金属、塑料的胶接强度好，耐油性好，耐老化	室温	金属、ABS、有机玻璃、塑料的胶接，商标纸的压敏胶接
α - 氰基丙烯酸酯胶	α - 氰基丙烯酸甲酯或乙酯、丁醇单体、增塑剂	瞬间快速固化、使用方便，质脆、耐水、耐湿性较差，单组分	室温几分钟	金属、陶瓷、玻璃、橡胶、塑料（尼龙、聚氯乙烯、有机玻璃等）的胶接，一般要求和小面积仪表零件的胶接和固定
树脂改性氯丁（橡胶）胶	氯丁橡胶、酚醛、硫化体系	韧性好，初粘力不大，可在 -60 ~ 100℃下使用	室温	橡胶、皮革、塑料、木材、金属的胶接
聚氨酯厌氧胶	聚氨酯丙烯酸双酯、促进剂、催化剂、填料	韧性好，胶接强度较高，适用范围较广	隔氧，室温，10min固化	螺栓、柱锁固定，防水、防油、防漏，金属、塑料的胶接和临时固定、密封

11.3 陶瓷材料

陶瓷是由金属和非金属元素组成的无机化合物材料，性能硬而脆，比金属材料和工程塑料更能抵抗高温和环境的作用，已成为现代工程材料的三大支柱之一。

11.3.1 陶瓷的分类

陶瓷种类繁多，工业陶瓷大致可分为普通陶瓷和特种陶瓷两大类。如果按性能和应用的不同，陶瓷也可分为工程陶瓷和功能陶瓷两大类。

（1）普通陶瓷（传统陶瓷） 除陶、瓷器之外，玻璃、水泥、石灰、砖瓦、搪瓷、耐火材料都属于陶瓷材料。一般人们所说陶瓷常指日用陶瓷、建筑瓷、卫生瓷、电工瓷、化工瓷等。普通陶瓷以天然硅酸盐矿物如粘土（多种含水的铝硅酸盐混合料）、长石（碱金属或碱土金属的铝硅酸盐）、石英（SiO_2）、高岭土（$Al_2O_3 \cdot 2SiO_2 \cdot 2H_2O$）等为原料烧结而成的。

（2）特种陶瓷（现代陶瓷） 采用纯度较高的人工合成原料，如氧化物、氮化物、硅化物、硼化物、氟化物等制成的，它们具有各种特殊力学、物理、化学性能。

（3）工程陶瓷 在工程结构上使用的陶瓷称为工程陶瓷。现代工程陶瓷主要在高温下使用，故也称高温结构陶瓷。这些陶瓷具有在高温下优越的力学、物理和化学性能，在某些科技场合和工作环境往往是唯一可用的材料。工程陶瓷有许多种，目前应用广泛和有发展前途的有氧化铝、氮化硅、碳化硅和增韧氧化物等材料。

（4）功能陶瓷 利用陶瓷特有的物理性能可制造出种类繁多用途各异的功能陶瓷材料，例如导电陶瓷、半导体陶瓷、压电陶瓷、绝缘陶瓷、磁性陶瓷、光学陶瓷（光导纤维、激光材料等）以及利用某些精密陶瓷对声、光、电、热、磁、力、湿度、射线及各种气氛等信息显示的敏感特性而制得的各种陶瓷传感器材料。

11.3.2 陶瓷材料的性能特点

1. 力学性能

和金属材料相比较，大多数陶瓷的硬度高，弹性模量大，脆性大，几乎没有塑性，抗拉强度低，抗压强度高。

2. 热性能

陶瓷材料熔点高，抗蠕变能力强，热硬性可达1000℃。但陶瓷热胀系数和热导率小，承受温度快速变化的能力差，在温度剧变时会开裂。

3. 化学性能

陶瓷的化学性能最突出的特点是化学稳定性很高，有良好的抗氧化能力，在强腐蚀介质、高温共同作用下有良好的抗蚀性能。

4. 其他物理性能

大多数陶瓷是电绝缘体，功能陶瓷材料具有光、电、磁、声等特殊性能。

11.3.3 常用工程结构陶瓷的种类、性能和应用

常用工程结构陶瓷的种类、性能和应用见表 11-6。

表 11-6　常用工程结构陶瓷的种类、性能和应用

名称		密度/$(g \cdot cm^{-3})$	抗弯强度/MPa	抗拉强度/MPa	抗压强度/MPa	线胀系数/$(10^{-6}K^{-1})$	应用举例
普通陶瓷	普通工业陶瓷	2.3~2.4	65~85	26~36	460~680	3~6	绝缘子，绝缘的机械支撑件，静电纺织导纱器
	化工陶瓷	2.1~2.3	30~60	7~12	80~140	4.5~6	受力不大、工作温度低的酸碱容器、反应塔、管道
特种陶瓷	氧化铝瓷	3.2~3.9	250~450	140~250	120~2500	5~6.7	内燃机火花塞，轴承，化工泵的密封环，导弹导流罩，坩埚热电偶套管，刀具，拉丝模等
	氧化铝瓷 反应烧结 热压烧结	2.4~2.6 3.10~3.13	166~206 490~590	141 150~275	1200	2.99~3.28	耐磨、耐蚀、耐高温零件，如石油、化工泵的密封环，电磁泵导管、阀门，热电偶套管，转子发动机刮片，高温轴承，刀具等
	氮化硼瓷	2.15~2.2	53~109	25（1000℃）	233~315	1.5~3	坩埚、绝缘零件、高温轴承、玻璃制品成形模具等
	氧化镁瓷	3.0~3.6	160~280	60~80	780	13.5	熔炼 Fe、Cu、Mo、Mg 等金属的坩埚及熔化高纯度 U（铀）、Th（钍）及其合金的坩埚
	氧化铍瓷	2.9	150~200	97~130	800~1620	9.5	高温绝缘电子元件，核反应堆中子减速剂和反射材料，高频电炉坩埚等
	氧化锆瓷	5.5~6.0	1000~500	140~500	144~2100	4.5~11	熔炼 Pt（铂）、Pd（钯）、Rh（铑）等金属的坩埚、电极

11.4 复合材料

工程技术和科学的发展对材料的要求越来越高，这种要求是综合性的，有时是相互矛盾的。例如，有时既要求导电性优良，又要求绝热；有时既要求强度高于钢，又要求弹性类似橡胶。显然仅靠开发单一的新材料难以满足上述要求，而将不同性能的材料复合成一体，实现性能上的互补，也是一条有效的途径。

所谓复合材料是指由两种或多种不同性能的材料用某种工艺方法合成的多相材料。复合材料既保持组成材料各自的特性，又具有复合后的新特性，其性能往往超过组成材料的性能之和或平均值。例如：玻璃纤维的断裂能仅有 75×10^{-5}J，常用树脂亦只有 22.6×10^{-3}J，而由两者复合成的玻璃钢的断裂能高达 17.6J。由此可见“复合”是开发新材料的重要途径。

组成材料的种类、性能、比例、形态不同，复合方法不同，会得到不同的强化效果。例如粒子复合强化、纤维复合强化、叠层复合强化等。

11.4.1 复合材料的种类

复合材料种类较多，目前较常见的是以高分子材料、陶瓷材料、金属材料为基体，以粒子、纤维和片状为增强体组成的各种复合材料，见表 11-7。

表 11-7 复合材料的种类

增强体		基体							
		金属	无机非金属				有机材料		
			陶瓷	玻璃	水泥	碳素	木材	塑料	橡胶
金属		金属基复合材料	陶瓷基复合材料	金属网嵌玻璃	钢筋水泥	无	无	金属丝增强塑料	金属丝增强橡胶
无机非金属	陶瓷纤维粒料	金属基超硬合金	增强陶瓷	陶瓷增强玻璃	增强水泥	无	无	陶瓷纤维增强塑料	陶瓷纤维增强橡胶
	碳素纤维粒料	碳纤维增强金属	增强陶瓷	陶瓷增强玻璃	增强水泥	碳纤增强碳合金材料	无	碳纤维增强塑料	碳纤炭黑增强橡胶
	玻璃纤维粒料	无	无	无	增强水泥	无	无	玻璃纤维增强塑料	玻璃纤维增强橡胶
有机材料	木材	无	无	无	水泥木丝板	无	无	纤维板	无
	高聚物纤维	无	无	无	增强水泥	无	塑料合板	高聚物纤维增强塑料	高聚物纤维增强橡胶
	橡胶胶粒	无	无	无	无	无	橡胶合板	高聚物合金	高聚物合金

按基体材料的不同可将复合材料分为两类：非金属基复合材料（例如塑料基复合材料、橡胶基复合材料、陶瓷基复合材料等）和金属基复合材料（如铝基复合材料、铜基复合材料等）。

按照增强材料的不同可将复合材料分为三类：① 纤维增强材料，例如纤维增强橡胶（如橡胶轮胎、传动带）、纤维增强塑料（如玻璃钢）等；② 颗粒增强复合材料，例如金属陶瓷、烧结弥散硬化合金等；③ 叠层复合材料，如双层金属（巴氏合金－钢双金属滑动轴承材料）等。

11.4.2 复合材料的性能特点

1. 比模量高、比强度大

比模量是弹性模量与密度之比；比强度是抗拉强度与密度之比。其实质是单位质量所提供的变形抗力和承载能力大，这对要求自重小、运转速度高的结构零件很重要。各类材料的强度性能比较见表 11-8。

表 11-8　各类材料强度性能比较

材料	密度/($g \cdot cm^{-3}$)	抗拉强度/MPa	弹性模量/GPa	比强度/[$MPa/g \cdot cm^{-3}$]	比模量/[$GPa/g \cdot cm^{-3}$]
钢	7.8	1010	206	129	26
铝合金	2.8	460	74	165	26
玻璃钢	2.0	1040	39	520	20
碳纤维/环氧树脂	1.45	1472	137	1015	95
硼纤维/环氧树脂	2.1	1344	206	640	98
硼纤维/铝	2.65	981	196	370	74

2. 良好的抗疲劳和破断安全性

这是由于纤维增强复合材料对缺口、应力集中敏感性小，纤维-基体界面能阻止疲劳裂纹扩展，使裂纹扩展改变方向。实验测定表明，碳纤维复合材料的疲劳极限可达抗拉强度的70%~80%，而金属的疲劳极限只有其抗拉强度的一半左右。纤维增强复合材料中有大量独立的纤维，平均每平方厘米面积上有几千到几万根，当少数纤维断裂后载荷就会重新分配到其他未破断的纤维上，使构件不致发生突然破坏，故破断安全性好。

3. 优良的高温性能

大多数增强纤维在高温下仍保持高的强度，用其增强金属和树脂时能显著提高高温性能。例如铝合金在400℃时弹性模量大幅度下降，强度也显著降低，而用碳纤维增强后，在此温度下弹性模量可基本保持不变。

11.4.3　复合材料的应用

在三类增强材料中，纤维增强复合材料发展最快、应用最广。常用的纤维增强复合材料有以下几种：

1. 玻璃纤维-树脂复合材料

以玻璃纤维和热塑性树脂复合的玻璃纤维增强材料比普通塑料具有更高的强度和冲击韧度。其增强效果因树脂的不同而有差异，以尼龙（聚酰胺）的增强效果最为显著。聚碳酸酯、聚乙烯和聚丙烯的增强效果也较好。玻璃纤维与塑料基体组成的复合材料通常叫做玻璃钢。按所用基体可分为热固性玻璃钢（以环氧树脂、酚醛树脂等为基体）和热塑性玻璃钢（以尼龙、聚苯乙烯等为基体）两种。玻璃钢的强度较高，接近或超过铜合金和铝合金，而密度只有钢的1/4~1/5。因此它的比强度不但高于铜合金或铝合金，甚至还高于某些合金钢。此外，它还有良好的耐蚀性。玻璃钢是目前应用最广泛的一种新型工程材料。在石油化工行业，玻璃钢可用于制造各种罐、管道、泵、阀门等。在交通运输业内，可用于制造各种轿车、载重汽车的车身和各种配件，玻璃钢也可以用于制造铁路运输用大型罐车和各类船体及部件。玻璃钢在机械工业的应用正日益扩大。从简单的防护罩类制品到较复杂的结构件

(如风扇叶片、齿轮、轴承等) 均可采用玻璃钢制造。利用玻璃钢的优良电绝缘性能，可以制造如印刷电路、开关装置等各种电工器材和结构。随着其弹性模量的改善以及耐高温与抗老化性能的改进，它在各个领域的应用将会有一个更大的发展。

2. 碳纤维 - 树脂复合材料

碳纤维通常和环氧树脂、酚醛树脂、聚四氟乙烯等组成复合材料。它在保持了玻璃钢许多性能优点的基础上，还有一些优异的性能。它的强度和弹性模量都高于铝合金，接近高强度钢；它的密度比玻璃钢还小，因此比强度和比模量在现有复合材料中居第一位。此外，它还有优良的耐磨、减摩及自润滑、耐蚀、耐热等优点。在机械工业中，碳纤维复合材料可用作承载零件和耐磨零件，如齿轮、连杆、活塞和轴承等。它也用作耐蚀化工机械零件，如容器、管道、泵等。

11.5 汽车保险杠的选材

20 年前，轿车前后保险杠以金属材料为主，用厚度为 3mm 以上的钢板冲压成 U 形槽钢，表面处理镀铬，与车架纵梁铆接或焊接在一起，与车身有一段较大的间隙，好像是一件附加上去的部件。

随着汽车工业的发展，汽车保险杠作为一种重要的安全装置也走向了革新的道路上。今天的轿车前后保险杠除了保持原有的保护功能外，还更重视美观、轻量化和更为经济。为实现这样的目的，目前轿车的前后保险杠多采用工程塑料。

塑料保险杠是由外板、缓冲材料和横梁三部分组成。其中外板和缓冲材料用塑料制成，横梁用厚度为 1.5mm 左右的冷轧薄板冲压成 U 形槽；外板和缓冲材料附着在横梁上，横梁与车架纵梁螺钉联接，可以随时拆卸下来。这种塑料保险杠使用的塑料，大体上使用聚酯系和聚丙烯系两种材料，采用注射成型法制成。例如标致 405 轿车的保险杠，采用了聚酯系材料并用反应注射模成型法制成。而大众的奥迪 100、高尔夫、上海的桑塔纳、天津的夏利等型号轿车的保险杠，采用了聚丙烯系材料用注射成型法制成。国外还有一种称为聚碳酯系的塑料，渗进合金成分，采用合金注射成型的方法，加工出来的保险杠不但具有高强度的刚性，还具有可以焊接的优点，而且涂装性能好，在轿车上的用量越来越多。

塑料保险杠具有强度、刚性和装饰性，从安全上看，汽车发生碰撞事故时能起到缓冲作用，保护前后车体；从外观上看，可以很自然地与车体结合在一块，浑然成一体，具有很好的装饰性，成为装饰轿车外形的重要部件。

塑料在汽车上应用有很多金属材料不具备的优点：

1. 轻量化

轻量化是汽车业追求的目标，塑料的相对密度为 0.9 ~ 1.5，而金属材料的相对密度则要大得多，钢为 7.6，黄铜为 8.4，最轻的铝为 2.7。

2. 塑料能吸收冲击能

塑料制品的弹性变形特性使其能吸收大量的碰撞能量，对撞击有较大的缓冲性，因而前后保险杠、车身装饰条都用塑料材料。塑料还具有吸收、衰减振动和噪声的能力，能减轻振动水平，所以汽车仪表板、方向盘、车座等都采用塑料制件，它可提高乘坐的舒适性。

3. 耐腐蚀

塑料的耐蚀性强，局部受损不会腐蚀，对酸、碱、盐、海水等抗蚀能力大，在污染环境中也没问题，因而塑料可做车身覆盖件，散热器部件，甚至汽车底盘、发动机进气和供油系统。

4. 易成型加工

热塑性塑料可使形状复杂的部件简化，一次成型，通过超声波焊接、粘接等将几个组件轻易组合成一个整体，既缩短加工、装配时间，也能保证精度，使生产成本大幅度降低。

5. 改性技术

通过玻璃纤维、碳纤维、硼纤维等增强材料与热塑性塑料共混成复合材料，也可与热固性塑料复合成层压塑料，其强度可相当于金属材料，而重量大大减轻。纤维状、晶须状、棒状矿物填料也可达到增强、增韧的目的，这些材料都可作为汽车结构部件。

6. 复配技术

通过添加填料、成核剂、相溶剂、偶联剂、增韧剂，可使塑料的各种性能得到提高，以满足不同部件的要求。例如，通过加入经偶联剂处理的矿物填料，可使聚丙烯的力学性能，尤其是冲击性能得到大幅度提高，并有效降低成本。

习题与思考题

1. 有机高分子材料的化学成分与金属材料的化学成分主要有什么不同？它们的宏观性能有什么明显区别？

2. 高聚物的加聚反应和缩聚反应区别何在？

3. 导致高聚物老化的因素有哪些？观察生活中塑料和橡胶制品老化的现象。

4. 塑料、橡胶和胶粘剂的主要组成物各是什么？

5. 试为下列塑料零件选材（每种零件选出两种以上）：

1）一般结构件——机件外壳、盖板等。

2）传动零件——齿轮、蜗轮等。

3）摩擦零件——轴承、活塞环、导轨等。

4）耐蚀零件——化工管道、耐酸泵阀等。

5）电绝缘件——电器开关、印刷电路板等。

6. 在使用和保存橡胶制品时，应注意那些问题？

7. 简述工程结构陶瓷材料的性能特点。

8. 用氮化硅和尼龙材料都可以制造滑动轴承，试比较两者的特点。

9. 为什么复合材料的疲劳性能好？

10. 玻璃钢、有机玻璃、无机玻璃、金属玻璃分别属于哪类材料？各举出一个可能的应用例子。

11. 了解最近的新型材料发展动态，举出一至两个例子。

12. 你设想一下新型材料的研究和应用会有哪些突破？

项目十二　机械工程材料选材与质量控制

［问一问，想一想］：

回顾一下在本书项目一学习之初考虑的那个制品或零件（比如校徽）问题，回顾一下第一章介绍的单级齿轮减速器中各种零件的选材问题，现在认为应选用什么材料，为什么？结合金工实训、顶岗实习或工作情况分析一个机械零件的选材和热处理工艺。

［学习目标］：

1）全面了解机械零件的主要失效形式，零件加工工艺路线的制定，选材原则。

2）具有选择材料和成形工艺的初步能力，初步具备对工程问题的综合分析能力。

3）了解材料的成分分析、组织分析及无损探伤等质量检验方法。

在机械产品的设计、制造过程中，都会遇到与工程材料有关的问题。在生产实践中，往往由于材料的选择和加工工艺路线不当，造成机械零件在使用过程中发生早期失效，给生产带来了重大的损失。因此，在机械制造过程中，正确地选择机械零件材料和成形工艺方法，对于保证零件的使用性能要求，降低成本，提高生产率和经济效益，有着重要的意义。

在机械制造工业中，工程材料的质量控制是获得高质量产品与赢得市场的重要环节。材料的化学成分、组织状态、性能及其热处理、热加工过程中的变化，需要确定是否合乎要求；原材料及其加工中的缺陷需要确认，并作为改进加工工艺的依据；产品服役过程中的质量需要跟踪等，都需要通过检验来分析和控制。

12.1　机械零件的失效形式

失效是指零件在使用过程中，由于尺寸，形状或材料的组织与性能发生变化而失去原有设计效能的现象。一般机械零件在以下三种情况下都认为已经失效：零件完全不能工作；零件虽能工作，但已不能完成指定的功能；零件有严重损伤而不能继续安全使用。

零件的失效有达到预定寿命的失效，也有远低于预定寿命的不正常的早期失效。不论何种失效，都是在外力或能量等外在因素作用下的损害。正常失效是比较安全的；而早期失效则会带来经济损失，甚至会造成人身和设备事故。

12.1.1　零件失效原因

引起失效的因素很多，涉及零件的结构设计、材料选择与使用、加工制造、装配、使用保养等。就零件失效形式而言则与其工作条件有关。零件工作条件包括：应力情况（应力的种类、大小、分布、残余应力及应力集中情况等），载荷性质（静载荷、冲击载荷、循环载荷），温度（低温、常温、高温或交变温度），环境介质（有无腐蚀介质、润滑剂）以及摩擦条件等。

零件失效的主要原因如图 12 - 1 所示。

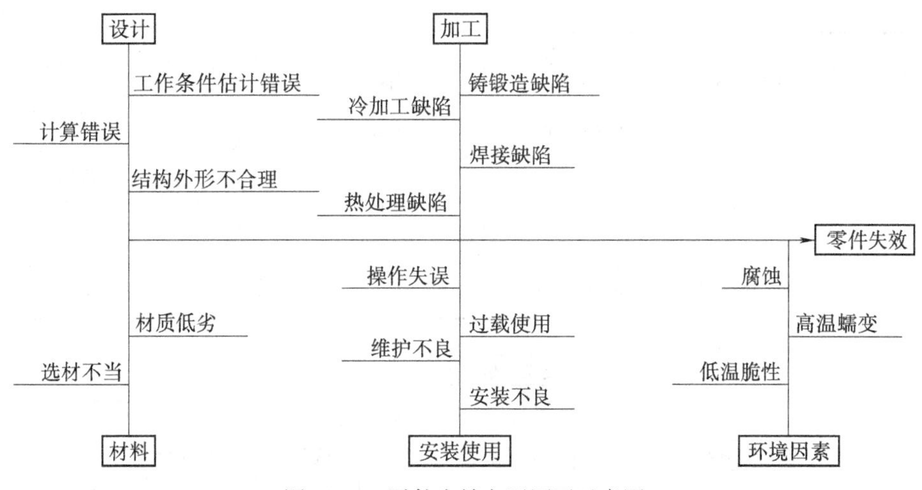

图 12-1　零件失效主要原因示意图

12.1.2　零件失效形式

一般机械零件常见的失效形式有：断裂失效，包括静载荷或冲击载荷断裂、疲劳破坏以及应力腐蚀破裂等；磨损失效，包括过量的磨损、表面龟裂、麻点剥落等；变形失效，包括过度的弹性或塑性变形（整体或局部的）和高温蠕变等。表 12-1 列出几种常用零件的工作条件、失效形式及要求的力学性能。图 12-2 大致列出了材料的失效分析过程。

表 12-1　几种常用零件的工作条件、失效形式及要求的力学性能

零件（工具）	工作条件			常见失效形式	要求的主要力学性能
	应力种类	载荷性质	其他		
普通紧固螺栓	拉、切应力	静	—	过量变形、断裂	屈服强度及抗剪强度、塑性
传动轴	弯、扭应力	循环、冲击	轴颈处摩擦、振动	疲劳破坏、过量变形、轴颈处磨损、咬蚀	综合力学性能
传动齿轮	压、弯应力	循环、冲击	强烈摩擦、振动	磨损、麻点剥落、齿折断	表面硬度及弯曲疲劳强度、接触疲劳抗力、心部屈服强度、韧性
弹簧	扭应力（螺旋簧）、弯应力（板簧）	循环、冲击	振动	弹性丧失、疲劳断裂	弹性极限、屈强比、疲劳强度
油泵柱塞副	压应力	循环、冲击	摩擦、油的腐蚀	磨损	硬度、抗压强度
冷作模具	复杂应力	循环、冲击	强烈摩擦	磨损、脆断	硬度，足够的强度、韧性
压铸型	复杂应力	循环、冲击	高温度、摩擦、金属液腐蚀	热疲劳、脆断、磨损	高温强度、热疲劳抗力、韧性和热硬性

（续）

零件（工具）	工作条件			常见失效形式	要求的主要力学性能
	应力种类	载荷性质	其他		
滚动轴承	压应力	循环、冲击	强烈摩擦	疲劳断裂、磨损、麻点剥落	接触疲劳抗力、硬度、耐磨性
曲轴	弯、扭应力	循环、冲击	轴颈摩擦	脆断、疲劳断裂、咬蚀、磨损	疲劳强度、硬度、冲击疲劳抗力、综合力学性能
连杆	拉、压应力	循环、冲击		脆断	抗压疲劳强度、冲击疲劳抗力

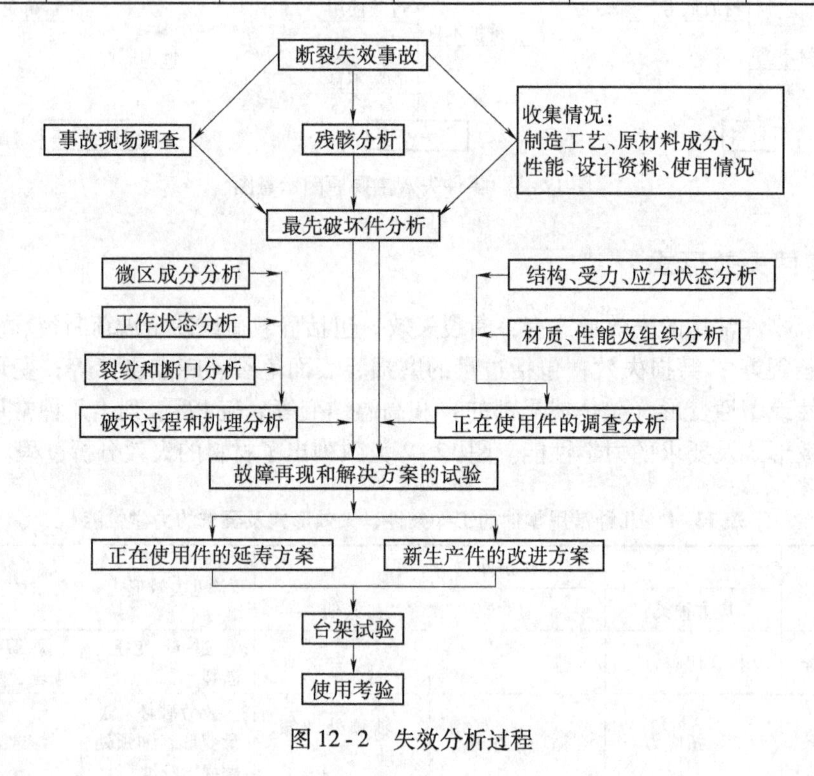

图 12-2 失效分析过程

12.2 机械工程材料选择原则

在进行工程材料选择和评价时要具体问题具体分析，一般是在满足零件使用性能要求的情况下，同时考虑材料的工艺性及总的经济性，并要充分重视、保障环境不被污染，符合可持续发展要求。

机械工程材料选择主要遵循以下原则。

12.2.1 使用性原则

材料使用性是指机械零件或构件在正常工作情况下材料应具备的性能。满足零件的使用要求是保证零件完成规定功能的必要条件，是材料选择应主要考虑的问题。

零件的使用要求体现在对其形状、尺寸、加工精度、表面粗糙度等外部质量，以及对其化学成分、组织结构、力学性能、物理性能和化学性能等内部质量的要求上。在进行材料选择时，主要从三个方面给以考虑：① 零件的负载和工作情况；② 对零件尺寸和重量的限制；③ 零件的重要程度。零件的使用要求也体现在产品的宜人化程度上，材料选择时要考虑外形美观、符合人们的工作和使用习惯。

由于零件工作条件和失效形式的复杂性，要求我们在选择时必须根据具体情况抓住主要矛盾，找出最关键的力学性能指标，同时兼顾其他性能。

零件的负载情况主要指载荷的大小和应力状态。工作状况指零件所处的环境，如介质、工作温度及摩擦等。若零件主要满足强度要求，且尺寸和重量又有所限制时，则选用强度较高的材料；若零件尺寸主要满足刚度要求，则应选择 E 值大的材料；若零件的接触应力较高，如齿轮和滚动轴承，则应选用可进行表面强化的材料；在高温下工作的零件，应选用耐热材料；在腐蚀介质中的零件，应选用耐腐蚀的材料。

零件的具体力学性能指标和数值确定之后，即可利用手册选材。但应注意以下几点：① 材料的性能不仅与化学成分有关，也与加工、处理后的状态有关。应注意手册中的数据是在什么条件下得到的。② 材料的数据与加工处理时试样的尺寸有关，应注意零件尺寸与手册中试样尺寸的差别，并进行适当的修正。

12.2.2　工艺性原则

工艺性能是指材料在制造机械零件和工具的过程中，采用某种加工方法制成成品的难易程度，包括铸造性能、锻造性能、焊接性能、热处理性能及切削加工性能等。材料工艺性能的好坏，会直接影响制造零件的工艺方法、质量以及制造成本。比如切削加工性能就是指材料在切削加工时的难易程度，它与材料种类、成分、硬度、韧性、导热性及内部组织状态等许多因素有关。切削加工性好的材料切削容易，对刀具的磨损小，加工表面也比较光洁。从材料种类而言，铸铁、铜合金、铝合金及一般碳钢的切削加工性较好。

在零件功能设计时，必须考虑工艺性。有些材料如果仅从零件的使用性能要求来看是完全合适的，但无法加工制造或加工制造很困难，成本很高，这些都属于工艺性不好。因此工艺性的好坏，对决定零件加工的难易程度、生产效率、生产成本等方面起着十分重要的作用，是选材时必须同时考虑的重要因素。

材料的工艺性能要求与零件制造的加工工艺路线密切相关，具体的工艺性能要求是结合制造方法和工艺路线提出来的。

一般金属材料的加工工艺路线如图 12-3 所示。

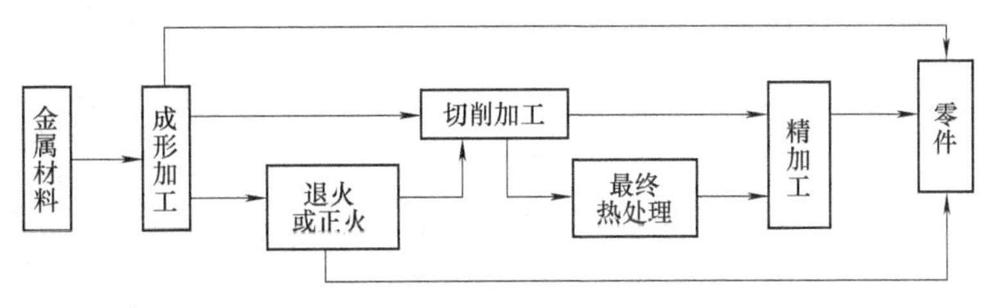

图 12-3　金属材料的加工工艺路线

12.2.3　经济性原则

经济性原则一般指应使零件的生产和使用的总成本降至最低，经济效益最高。总成本包括材料价格，零件成品率、加工费用，零件加工过程中材料的利用率、回收率，零件寿命以及材料的货源、供应、保管等综合因素。

1）材料选定时，应在满足使用性能前提下，尽可能选用价廉材料。材料的直接成本常占到产品价格的30% ~70%，因此能用非合金钢的不用合金钢，能用硅锰钢的不用铬镍钢。表12-2为我国常用工程材料的相对价格。

表12-2 常用工程材料的相对价格

材料	相对价格	材料	相对价格
非合金结构钢	1	非合金工具钢	1.4 ~1.5
低合金高强度结构钢	1.2 ~1.7	合金量具刃具钢	2.4 ~3.7
优质非合金钢	1.4 ~1.5	合金模具钢	5.4 ~7.2
易切削钢	2	高速工具钢	13.5 ~15
合金结构钢	1.7 ~2.9	铬不锈钢	8
镍铬合金结构钢	3	铬镍不锈钢	20
滚动轴承钢	2.1 ~2.9	普通黄铜	13
弹簧钢	1.6 ~1.9	球墨铸铁	2.4 ~2.9

2）选材时要考虑材料来源，符合国情厂情。含铝超硬高速钢（W6Mo5Cr4V2Al）具有与高速钢（W18Cr4V2Co8）相似的性能，但价格便宜，适合我国资源情况。又如9Mn2V钢不含铬元素，符合我国资源情况，故价格较低，性能与CrWMn钢相近，拉刀、长铰刀、长丝锥等均可使用。

3）用非金属材料代替金属材料。具有许多优异性能的聚合物材料，在某些场合可代替金属材料，不仅可以降低成本，而且性能可能更为优异。表12-3列出了某些塑料代替金属的应用实例。

表12-3 用塑料代替金属的应用实例

零件类型		产品	零件名称	原用材料	现用材料	工作条件	使用效果
摩擦传动零件	轴承	四吨载重汽车	底盘衬套轴承	轴承钢	聚甲醛F-4L铝粉	低速、重载、干摩擦	1万km以上不用润滑保养
		柴油机	推力轴承	巴氏合金	喷涂尼龙1010	在油中工作，平均滑动线速度为7.1m/s，载荷为1.5MPa	磨损量小，油温比用巴氏合金低10℃左右
		水压机	立柱导套（轴承）	9-4铝青铜	MC尼龙	低于100℃反复运动	良好，已投入生产
	齿轮	转塔车床	走刀机械传动齿轮	45钢	聚甲醛（或铸造尼龙）	摩擦，但较平稳	噪声减少，长期使用无损坏磨损
		起重机	吊索绞盘传动蜗轮	磷青铜	MC铸型尼龙	最大起吊重量6~7t	零件质量减轻80%，使用两年磨损很小
		万能磨床	油泵圆柱齿轮	40Cr	铸型尼龙、氯化聚醚	转速高（1440n/min），载荷较大，在油中运转连续，工作油压为1.5MPa	噪声小，压力稳定，长期使用无磨损

（续）

零件类型		产品	零件名称	原用材料	现用材料	工作条件	使用效果
一般结构件	螺母	铣床	丝杠螺母	锡青铜	聚甲醛	对丝杠没有磨损或磨损极微，有一定强度、刚度	良好
	油管	万能外圆磨床	液压系统油管	纯铜	尼龙1010	耐压0.8～2.5MPa，工作台换向等精度高	良好，已推广使用
	紧固件	外圆磨床	管接头	45钢	聚甲醛	<55℃，耐20℃机油油压为0.3～8.1MPa	良好
		摇臂钻床	上、下部管体螺母	HT150	尼龙1010	室温、切削液压力300kPa	密封性好，不渗漏水
	壳体件	万能外圆磨床	罩壳衬板	镀锌铜板	ABS	电器按钮盒	外观良好，制作方便
		D26型电压表	开关罩	铜合金	聚乙烯	40～60℃，保护仪表	良好，便于装配
		电风扇	开关外罩	铝合金	改性有机玻璃	有一定强度，美观	良好
	手柄手轮等	柴油机	摇手柄套	无缝钢管	聚乙烯	一般	良好
		磨床	手把	35钢	尼龙6	一般	良好
		电焊机	控制滑阀	铜	尼龙1010	600kPa	良好

4）材料利用率与再生利用率。材料利用率是指零件成品重量（或体积）占原材料重量（或体积）的百分比。它表示了材料的耗损及成形加工工艺的工作量。在选择材料时应尽可能提高利用率，以增加产品的附加值。材料的再生利用率是现代制造技术关注的问题。在现代产品设计中，不仅要进行结构设计、零件设计、装配设计，而且特别强调拆卸设计，使产品报废处理时，能够进行材料的再循环，节约能源，保护环境。面对低碳经济和可持续发展要求，应积极选择绿色材料。所谓绿色材料是指在原料采取、产品制造使用和再循环利用以及废物处理等环节中与生态环境和谐共存并有利于人类健康的材料，它们要具备净化吸收功能和促进健康的功能。

值得注意的是，选材时不能片面强调材料的费用及零件的制造成本，还需对不同情况下零件的使用寿命给予足够的重视。评价零件的经济效果时，还需考虑其实用过程中的经济效益。如某零件在使用过程中即使失效，也不会造成整机破损事故，而且该零件拆换方便，用量又大时，一般希望该零件制造成本低，售价便宜。有些零件，如高速柴油机曲轴、连杆等，一旦该零件失效，将造成整台机器损坏的事故；为了提高零件的使用寿命，材料成本就可以较高，但从整体经济性看也是合理的。还有一些关键零件，当其性能提高以后，可使整个产品的性能指标得以提高，往往可以取得整体较好的经济效益。有时关键零件的成本稍高些，而产品的价值却会有大幅度的提高。总之，通过降低成本和改善功能，要力求充分合理化，使整体经济效益最好。

12.3 机械工程材料选择方法

12.3.1 材料选择的步骤

零件材料的合理选择通常是按照以下步骤进行的。

1）在分析零件的服役条件、形状尺寸与应力状态后，确定技术条件。

2）通过分析或试验，结合同类零件失效分析的结果，找出零件在实际使用中主要和次要的失效抗力指标，以此作为选材的依据。表12-4列出了几种机械零件主要损坏形式和主要抗力指标。

表12-4 几种机械零件主要损坏形式和主要抗力指标

零件	工作条件			常见失效形式	力学性能指标
	应力种类	载荷性质	其他		
紧固螺栓	拉伸应力、剪应力	静载	—	过量变形、断裂	强度、塑性
传动轴	弯曲应力、扭转应力	循环、冲击	轴颈处摩擦、振动	疲劳破坏，过量变形、轴颈处磨损	综合力学性能
齿轮	压应力、弯曲应力	循环、冲击	强烈摩擦振动	磨损、疲劳麻点、齿折断	表面高强度及高疲劳强度，心部较高强韧性
弹簧	扭转应力（螺旋簧）、弯曲应力（板簧）	交变、冲击	振动	弹性丧失、疲劳破坏	弹性极限、屈强比、疲劳强度
冷作模具	复杂	交变、冲击	强烈摩擦	磨损、脆断	高强度、高硬度、足够的韧性

3）根据力学计算，确定零件应具有的主要力学性能指标，正确选择材料。这时要综合考虑所选材料应满足失效抗力指标和工艺性的要求，同时还需考虑所选材料在保证实现先进工艺和现代生产组织方面的可能性。

4）决定热处理方法（或其他强化方法），并提出所选材料在供应状态下的技术要求。

5）审核所选材料的生产经济性（包括热处理的生产成本等）。

6）试验、投产。

机械零件选材的步骤可归纳为图12-4所示。

12.3.2 材料选择的具体方法及依据

材料的选择方法应具体问题具体分析，主要依据有：

1. 依据零件的结构特征选择

机械零件常分为轴类、盘套类、支架箱体类及模具等类零件。轴类零件几乎都采用锻造成形方法，材料为中碳非合金钢或合金钢如45钢和40Cr；异型轴也采用球墨铸铁毛坯；特殊要求的轴也可采用特殊性能钢。盘套类零件以齿轮应用为最广泛，以中碳钢锻造及铸造为多。小齿轮可用圆钢为原料，也可采用冲压甚至直接冷挤压成形。箱体类零件以铸件最多，

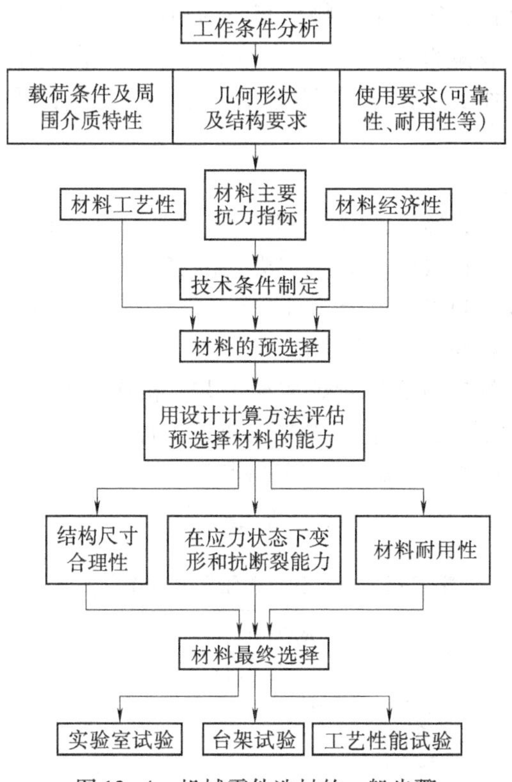

图 12-4　机械零件选材的一般步骤

支架类零件少量时可采用焊接获得。

2. 依据力学性能要求选择

如果是新设计的关键零件，通常还应进行必要的力学性能试验；如是一般的常用零件（如轴类零件或齿轮等），可以参考同类型产品中零件的有关资料和国内外失效分析报告，并参考以上选择原则及依据等来进行选材。在按力学性能选材时，其具体方法有以下三种类别：

（1）以综合力学性能为主进行选材 当零件工作时承受多类载荷时，其失效形式主要是过量变形与疲劳断裂，要求材料具有较高的强度、疲劳强度、塑性与韧性，即要求有较好的综合力学性能。如气缸螺栓、锻锤杆、连杆等，一般可采用调质状态的非合金钢、调质或渗碳合金钢、正火或等温淬火状态的球墨铸铁等来制造。

（2）以疲劳强度为主进行选材 对传动轴及齿轮等零件，整个截面上受力是不均匀的（如轴类零件表面承受弯曲、扭转应力最大，而齿轮齿根处承受很大的弯曲应力），疲劳裂纹一般开始于受力最大的表层。为了提高疲劳强度，应适当提高抗拉强度。在抗拉强度相同时，调质后的组织（回火索氏体）比退火、正火组织的塑性、韧性好，并对应力集中敏感性较小，因而具有较高的疲劳强度。表面处理除可提高表面硬度外，还可在零件表面造成残存应力，可以部分抵消工作时产生的拉伸应力，是最有效的提高疲劳强度的方法。

（3）以磨损为主的选材 两零件摩擦时，磨损量与其接触应力、相对速度、润滑条件及摩擦副的材料有关。而材料的耐磨性是其抵抗磨损能力的指标，它主要与材料硬度、显微组织有关。根据零件工作条件的不同，其选材也有所不同：① 在受力较小、摩擦较大的情况下，其主要失效形式是磨损，故要求材料具有高的耐磨性，如各种量具、冲模等。② 同时受磨损与循环载荷、冲击载荷的零件，其失效形式主要是磨损、过量的变形与疲劳破坏，如传动齿轮、凸轮等。为了使心部获得一定的综合力学性能，且表面有高的耐磨性，应选适于表面热处理的钢材。

3. 依据生产批量选择

生产批量对于材料及其成形工艺的选择极为重要。一般的规律是，单件、小批量生产时铸件选用手工砂型铸造成形；锻件采用自由锻或胎模锻成形方法；焊接件则以手工或半自动的焊接方法为主；薄板零件则采用钣金、钳工等。在大批量生产的条件下，则分别采用机器造型、模锻、埋弧焊及板料冲压等成形方法。

在一定条件下，生产批量也会影响到成形工艺。机床床身，一般情况下都采用铸造成形，但在单件生产的条件下，经济上往往并不合算；若采用焊接件，则可大大降低生产成本，缩短生产周期，当然焊接件的减振、耐磨性不如铸件。

表 12-5 列出了在各种生产类型情况下适用的成形工艺方法。

表 12-5 各种生产类型适用的工艺方法

单件小批生产	成批生产	大量（连续）生产
（1）型材锯床、热切割下料 （2）木模手工砂型铸造 （3）自由锻造 （4）弧焊（手工、通用焊机） （5）冷作（旋压等）	（1）型材下料（锯、剪） （2）砂型机器造型 （3）模锻 （4）冲压 （5）弧焊（专用焊机）、钎焊 （6）压制（粉末冶金）	（1）型材剪切 （2）机器造型生产线 （3）压铸 （4）热模锻生产线 （5）多工位冲压、冲压生产线 （6）压焊、弧焊自动线

4. 依据最大经济性选择

为获得最大的经济性，对零件的材料选择与成形方法要具体分析。表 12-6 为常用毛坯类型及其制品的比较。

表 12-6 常用毛坯类型及其制品的比较

比较内容 \ 毛坯类型	铸件	锻件	冲压件	焊接件	轧材
成形特点	液态下成形	固态下塑性变形	同锻件	永久性连接	同锻件
对原材料工艺性能要求	流动性好，收缩率低	塑性好，变形抗力小	同锻件	强度高，塑性好，液态下化学稳定性好	同锻件
常用材料	灰铸铁、球墨铸铁、中碳钢及铝合金、铜合金等	中碳钢及合金结构钢	低碳钢及有色金属薄板	低碳钢、低合金钢、不锈钢及铝合金等	低、中碳钢、合金结构钢及铝合金、铜合金等
金属组织特性	晶粒粗大、疏松、杂质排列无方向性	晶粒细小、致密、晶粒呈方向性排列	拉深加工后沿拉深方向形成新的流线组织，其他工序加工后原组织基本不变	焊缝区为铸造组织，熔合区和过热区有粗大晶粒	同锻件

（续）

比较内容＼毛坯类型	铸件	锻件	冲压件	焊接件	轧材
力学性能	灰铸铁件力学性能差，球墨铸铁、可锻铸铁及铸钢件较好	比相同成分的铸钢件好	变形部分的强度、硬度提高，结构刚度好	接头的力学性能可达到或接近母材	同锻件
结构特征	形状一般不受限制，可以相当复杂	形状一般较铸件简单	结构轻巧，形状可以较复杂	尺寸、形状一般不受限制，结构较轻	形状简单，横向尺寸变化小
零件材料利用率	高	低	较高	较高	较低
生产周期	长	自由锻短，模锻长	长	较短	短
生产成本	较低	较高	批量越大，成本越低	较高	—
主要使用范围	灰铸铁件用于受力不大或承压为主的零件，或要求有减振、耐磨性能的零件；其他铁碳合金铸件用于承受重载或复杂载荷的零件；机架、箱体等形状复杂的零件	用于对力学性能，尤其是强度和韧性要求较高的传动零件和工具、模具	用于以薄板成形的各种零件	主要用于制造各种金属结构，部分用于制造零件毛坯	形状简单的零件
应用举例	机架、床身、底座、工作台、导轨、变速箱、泵体、阀体、带轮、轴承座、曲轴、齿轮等	机床主轴、传动轴、曲轴、连杆、齿轮、凸轮、螺栓、弹簧、锻模、冲模等	汽车车身覆盖件、机表、电器及仪器、仪壳及零件、油箱、散热器各种薄金属件	锅炉、压力容器、化工容器管道、厂房构架、吊车构架、桥梁、车身、船体、飞机构件、重型机械的机架、立柱、工作台等	光轴、丝杠、螺栓、螺母、销等

5. 依据生产条件选择

在一般情况下，应充分利用本企业的现有条件完成生产任务。当生产条件不能满足产品要求时，可供选择的途径有：第一，在本厂现有的条件下，适当改变毛坯的生产方式或对设备进行适当的技术改造；第二，扩建厂房，更新设备，提高企业的生产能力和技术水平；第三，厂外协作。

材料的选择往往是根据手册与经验，加上力学校核。随着计算机的普及，在设计与制造中所设计的材料选择也可以通过材料性能数据库，按性能要求选择材料。材料性能数据和结构分析相结合是现代化设计工作的基础。迅速而准确的获得所需材料的性能数据是工程技术人员所必须掌握的基本技能。

金属材料、高分子材料、陶瓷材料及复合材料是目前的主要机械工程材料，它们各有自己的特性，所以各有其合适的用途。当然这种情况也在随着科技进步发生着变化。

金属材料具有优良的综合力学性能和某些物理、化学性能，因此它被广泛地用于制造各种重要的机械零件和工程结构，目前是机械工程中最主要的结构材料。从应用情况来看，机械零件的用材主要是钢铁材料。

高分子材料的强度、刚度（弹性模量）低，尺寸稳定性较差，易老化，因此在工程上，目前还不能用来制造承受载荷较大的结构零件。在机械工程中，常用来制造轻载传动齿轮、轴承、紧固件及各种密封件等。

陶瓷材料在室温下几乎没有塑性，在外力作用下不产生塑性变形，易发生脆性断裂，因此，一般不用于制造重要的受力零件。但其化学稳定性很好，具有高的硬度和热硬性，故用于制造在高温下工作的零件、切削刀具和某些耐磨零件。由于其制造工艺较复杂、成本高，一般机械工程应用还不普遍。

复合材料综合了多种不同材料的优良性能，如强度、弹性模量高，抗疲劳、减摩、耐磨、减振性能好，且化学稳定性优异，故是一种很有发展前途的工程材料。

12.4 机械工程材料的质量检验

机械工程材料的质量检测方法主要有成分分析法、组织分析法和无损检测方法等。

12.4.1 成分分析

金属材料的成分是其组织和性能的基础。成分检验，通常使用火花鉴别、化学分析、光谱分析、电子探针等方法。

1. 火花鉴别

所谓火花鉴别，是将待测的钢铁材料与高速旋转的砂轮相接触，根据产生的火花形状与颜色来近似地确定材料成分的一种鉴别方法。火花鉴别法操作简便、易于施行，是现场鉴别某些钢号的常用方法。同时，对钢渗碳后的表面含碳量、渗氮处理的质量和钢的表面脱碳程度，也能作定性或半定量分析，在生产中有一定的实用价值。

2. 化学分析

化学分析是确定材料成分的重要方法，既可以定性，也可以定量。定性分析是确定合金所含的元素，而定量分析则是确定某一合金的元素含量。化学分析的精确度较高，但时间较长，费用也比较高。工厂中常用的化学分析法有滴定法和比色法两种。

（1）滴定法　是将标准的已知浓度的溶液滴入被测物质的溶液中，使之发生反应，待反应达到终点后，根据所用标准溶液的体积，计算被测物质的含量。

（2）比色法　是利用光线，分别透过有色的标准溶液和被测物质溶液，比较透过光线的强度，以测定被测物质含量。由于出现了高灵敏度、高精度的光度计和新的显色计，因此这种方法在工业上应用很广。

3. 光谱分析

金属是由原子组成的，原子是由原子核及围绕着原子核在一定能级轨道上运动着的电子组成的。在外界高能激发下，原子将有固定的辐射能，代表该元素所特有的固定光谱。光谱能表征每一元素。原子在激发状态下，是否具有这种光谱线，是这种物质是否存在的标志；光谱的强度，是该元素含量多少的标志。

进行金属的定性和定量的光谱分析时，激发原子辐射光能通常用特殊光源，如电弧或高压火花，使金属变为气态，使所含元素的蒸汽发光，利用分光镜或光谱仪进行定性分析。光的强度（亮度）越大，说明该元素的含量越高。对照已知各元素光谱线的强度，可以确定物质中这些元素的含量。所以，要进行定量分析，还必须使用摄谱仪照下光谱的照片，再用光度计测量光谱的强度，对照该标准元素的光谱强度，便可计算出合金中该元素的含量。

光谱分析方法既迅速又价格低廉，消耗材料少。分析少量元素时，灵敏度和精度也比较高。

4. 电子探针

确定合金中各种组成相的成分以及其他细节的成分时，目前广泛使用电子探针来解决，其工作原理如图12-5所示。

用金相显微镜观察，确定金相试样中的测定点，再用很细的电子射线束射到所选择的某一点，电子碰撞该点原子，引起发射固定波长的X射线，这时，该元素原子存在的越多，相应的X射线的强度就越强。所以，如果把试样调到该元素的电子射线束的反射角位置，用盖革计数器，计算发射的X射线强度，就可测定所选点合金的任何元素的含量。

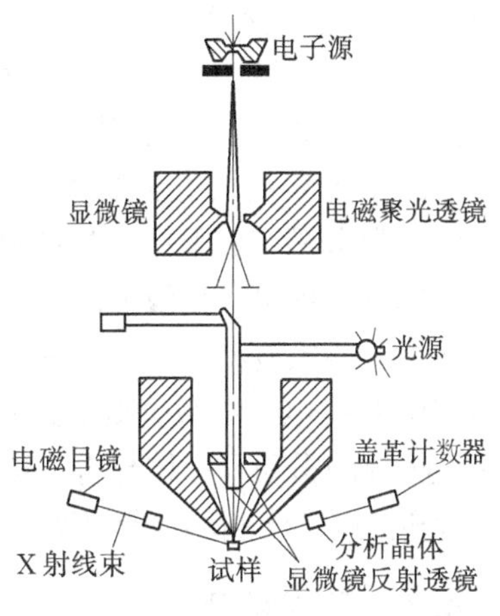

图12-5　电子探针工作原理示意图

12.4.2　组织分析

1. 低倍分析

低倍分析是指用肉眼或不大于20倍的放大镜来观察分析金属及合金的组织状态的方法。这种方法所用设备简单，使用面广。现场常采用这种方法检查宏观缺陷，特别是对断口进行初步的观察与分析。

2. 显微分析

（1）金相显微分析　在对各种金属或合金的组织进行研究的方法中，利用金相显微镜来观察和分析金属与合金的内部组织是一项最基本的方法。为了在金相显微镜下确切、清楚地观察到金属内部的显微组织，金属试样必须进行精心的制备。试样制备过程包括取样、磨制、抛光、浸蚀等工序。

金相显微镜和生物显微镜的构造基本上是相同的，其中主要的区别是：生物显微镜是通过透射过试样的光线进行观察，而金相显微镜则利用试样的反射光线来观察。金相显微镜的种类和形式很多，常见的有台式、立式和卧式三大类，其构造往往由光学系统、照明系统和机械系统三大部分组成，有的还附有摄影装置。图12-6为XJB-1型金相显微镜的外形结构图。

用光学金相显微镜，对金属磨面（磨光、抛光腐蚀后）进行观察分析，可观察到金属组织的组成物（大小、形状与分布）、非金属夹杂物、成分偏析、晶界氧化、表面脱碳、显微裂纹，钢件的渗碳层、渗氮层等的厚度和特征等。

（2）电子显微分析　深入研究金属的显微结构，常用的光学金相显微镜的放大倍数已不能满足需要，需采用电子显微镜进行分析。电子显微镜是依靠电子束在电磁场内的偏转使电子束聚焦，具有比金相显微镜高得多的放大倍数和分辨本领。它是用电子枪获得的电子射线束，再经过电磁透镜进行聚焦，聚焦后的电子束透过极薄样品，借电磁物镜被放大成中间像，投射在中间像荧光屏上。再经过一组电磁透镜将中间像再次放大到很高的倍数，射在荧光屏上观察，或者射在底片上感光。这样的电子显微镜一般的电压为 10^3 ~ 10^6V，实际分辨率极限在（2 ~ 100）$\times 10^{-10}$m。高压和超高压透射电子显微镜，可以直接观察薄层晶体，也可以观察复型，获得金属构造的细节和断口的形貌。扫描电子显微镜既能进行表面形貌观察，又能进行成分分析和晶体分析，是一种得到广泛应用的先进的综合分析和检测仪器。

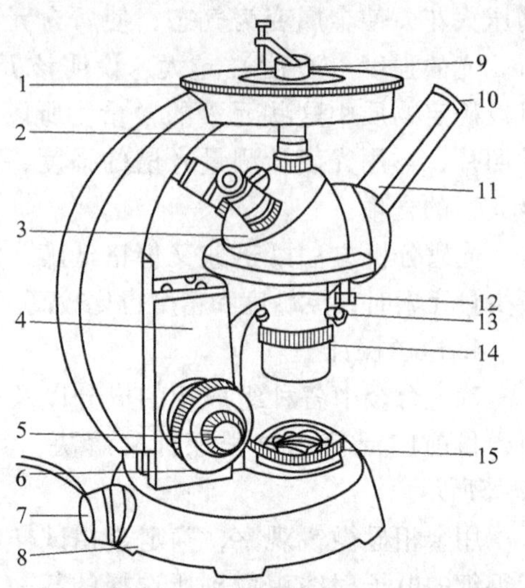

图 12 - 6　XJB – 1 型金相显微镜的外形结构图

1—载物台　2—物镜　3—转换器　4—传动箱　5—微动调焦手轮　6—粗动调焦手轮　7—光源　8—底座　9—试样　10—目镜　11—目镜管　12—固定螺钉　13—调节螺钉　14—视场光阑　15—孔径光阑

12.4.3　无损检测

随着机械、石油化工、运输、航空、航天等工业的迅速发展，对产品质量的要求越来越严格，尤其是随着动力机械和高压容器向高速、高温、高压方向的发展，不仅对产品内部缺陷的有无提出要求，而且对缺陷的尺寸大小有精确的定量要求。无损检测技术已广泛应用于材料和产品的静态和动态质量检测等方面。

无损检测技术的主要方法有射线探伤、超声波探伤、表面探伤等。

1. 射线探伤

射线探伤是利用射线透过物体后，射线强度发生变化的原理来发现材料和零件的内部缺陷的方法。探伤应用的射线是 X 射线或 γ 射线。由于被检零件与内部缺陷介质对射线能量衰减程度的不同，从而引起射线透过工件后的强度出现差异，这种差异可用胶片记录下来，或用荧光屏、射线探测器等来观察，从而对照标准来评定零件的内部质量。目前工业中应用最广的是 X 射线探伤。射线探伤适宜于探测体积型缺陷，如气孔、夹渣、缩孔、疏松等，能发现焊缝中的未焊透、气孔和夹渣等缺陷，铸件中的缩孔、夹渣、疏松、热裂等缺陷，但不适用于检测锻件和型材中的缺陷。

2. 超声波探伤

探伤用超声波，是由电子设备产生一定频率的电脉冲，通过电声换能器（探头）产生与电脉冲相同频率的超声波（一般为 1 ~ 5MHz）。超声波射入被检查物内碰到该物体的另一侧底面时，会被反射回来而被探头所接收。如果物体内部存在缺陷，射入的超声波碰到缺陷后会被立即反射回来而被探头所接收。从两者反射回来的声波信号差别，就可在荧光屏上检查出缺陷的大小、性质和存在的部位。超声波探伤的应用范围很广，可探测表面缺陷，也可探测内部缺陷，探测内部缺陷的深度，是目前其他探伤方法所不及的。其特别适用于探测试件内部的面积型缺陷，如裂纹、白点、分层、夹渣、疏松和焊缝中的未焊透等，而不适用于一些形状复杂或表面粗糙的工件。

3. 表面探伤

（1）磁力探伤　对于有表面或近表面缺陷的零件而言，在对其磁化时，缺陷附近会出现不均匀的磁场和局部漏磁场。诸如裂纹、气孔和夹杂物等缺陷将阻碍磁力线通过，产生磁力线弯曲现象。当缺陷存在于零件表面或附近时，则磁力线不但会在试件内部产生弯曲，而且还有一部分磁力线绕过缺陷暴露在空气中，产生漏磁，形成S—N极的局部磁场，这个小磁场能吸附磁粉。根据吸附磁粉的多少、形状等可判断缺陷的性质、形状、部位等，但难以确定缺陷的深度。磁力探伤适于探测铁磁性材料及其工件的缺陷，对裂纹类缺陷最为敏感。

（2）渗透探伤　渗透探伤也是目前无损检测常用的方法，它主要用来检查材料或工件表面开口性的缺陷。利用液体的某些特性对材料表面缺陷进行良好的渗透。当显像液喷洒在工件表面时，残留在缺陷内的渗透液又被吸出来，形成缺陷痕迹，由此来判断缺陷。按溶质的不同，渗透探伤可分为着色法和荧光法两种。将工件洗干净后，把渗透液涂于工件表面，渗透液就渗入缺陷内，之后用清洗溶液将工件表面的渗透液洗掉后，将显像材料涂敷在工件的表面，残留在缺陷内的渗透液就会被显像剂吸出，在其表面形成放大了的红色的显示痕迹（着色探伤）；若用荧光渗透液来显示痕迹，则需在紫外线照射下才能发出强的荧光（荧光探伤），从而达到对缺陷进行评价、判断的目的。

习题与思考题

1. 零件的常见失效形式有哪几种？它们要求材料的主要性能指标分别是什么？

2. 分析说明如何根据机械零件的服役条件选择零件用钢中碳的质量分数及组织状态？

3. 汽车、拖拉机变速器齿轮多半用渗碳钢来制造，而机床变速箱齿轮又多采用调质钢制造，原因何在？

4. 某工厂用T10钢制造的钻头对一批铸件进行钻 ϕ10mm 深孔，在正常切削条件下，钻几个孔后钻头很快磨损。据检验钻头材料、热处理工艺、金相组织及硬度均合格。试问失效原因，并提出解决办法。

5. 生产中某些机器零件常选用工具钢制造。试举例说明哪些机器零件可选用工具钢制造，并可得到满意的效果？分析其原因。

6. 确定下列工具的材料及最终热处理：

M6手用丝锥　ϕ10mm麻花钻头

7. 下列零件应采用何种铝合金制造？

飞机用铆钉　飞机翼梁　发动机气缸、活塞　小电机壳体

8. 指出下列工件在选材与制定热处理技术条件中的错误，说明理由及改正意见。

工件及要求	材料	热处理技术条件
表面耐磨的凸轮	45钢	淬火、回火；60HRC
直径 ϕ30mm，要求良好综合力学性能的传动轴	40Cr	调质；40～45HRC
弹簧（丝径 ϕ15mm）	45钢	淬火、回火；55～66 HRC
板牙（M12）	9SiCr	淬火、回火；55～66 HRC
转速低、表面耐磨性及心部强度要求不高的齿轮	45钢	渗碳淬火；58～62HRC
钳工錾子	T12A	淬火、回火；55～66 HRC
传动轴（直径 ϕ100mm）	45钢	调质；40～45HRC
塞规（用于大批量生产，检验零件内孔）	T7A或T8	淬火、回火；55～66 HRC

9. 指出下列工件各应采用所给材料中哪一种材料？并选定其热处理方法。

工件：车辆缓冲弹簧、发动机排气阀门弹簧、自来水管弯头、机床床身、发动机连杆螺栓、机用大钻头、车床尾架顶针、螺钉旋具、镗床镗杆、自行车车架、车床丝杠螺母、电风扇机壳、普通机床地脚螺栓、高速粗车铸铁的车刀

材料：38CrMoAl、40Cr、45、Q235、T7、T10、50CrVA、16Mn、W18Cr4V、KTH300 - 06、60Si2Mn、ZL102、ZCuSn10P1、YG15、HT200

10. 工程材料质量检验的范围有哪些？有什么意义？

11. 工程材料的成分分析、组织分析方法有哪些？

12. 无损检测有哪几种方法？它们的原理、基本工艺、适用范围是什么？

附录　综合性实验指导

实验 1. 铁碳合金成分、平衡组织与性能间的关系

1. 实验目的

1）观察并分析铁碳合金在平衡状态下的显微组织，测定不同含碳量的碳钢在平衡状态下的性能。

2）了解含碳量对铁碳合金显微组织与性能的影响规律。

3）熟悉金相显微镜与布氏硬度试验机的使用。

2. 实验设备及材料

1）金相显微镜。

2）铁碳合金金相试样一套。

3）布氏硬度试验机。

4）碳钢硬度测定试样一套。

3. 实验要求

1）根据提供的铁碳合金金相试样组织判定每个试样的大致成分范围。

2）绘出所观察的每块试样的显微组织示意图（用箭头标明组织组成物）、材料名称、处理条件、金相组织与形态、浸蚀剂与放大倍数等。

3）用布氏硬度计测定三种碳钢试样的硬度。

4）写出实验报告，并归纳说明铁碳合金成分、平衡组织与性能间的关系。

实验 2. 金属材料的热处理

1. 实验目的

通过金属材料的热处理工艺设计、热处理操作、试样制备、组织观察、显微摄影、性能测定、撰写实验报告等全过程，深入了解金属材料的成分、处理条件、组织、性能之间的相互关系和变化规律，掌握金属材料热处理工艺的制定与分析的一般方法。

2. 实验设备及材料

1）高温电阻炉、中温电阻炉及测温仪表。

2）金相显微镜、金相显微摄影仪。

3）硬度试验机。

4）预磨机、砂轮机、抛光机及金相砂纸等。

5）印相机或放大机等洗印设备与药品。

6）金属材料试样或零件。

3. 实验要求

1）教师提出实验任务与实验的基本要求。

2）学生自己查阅有关文献资料，做好实验方案设计的准备。

3）在教师指导下进行实验方案的设计，包括：实验过程及进度安排；仪器设备的选择（种类、型号等）；热处理工艺参数的确定（包括加热温度、预热温度、保温时间、次数、冷却方式等），画出热处理工艺曲线。提倡采用多种不同方案，以便分析比较。

4）按所选定参数进行热处理操作。

5）制备热处理后的组织的金相试样。

6）在金相显微镜下进行观察，并用金相显微摄影仪选取典型组织拍摄。

7）进行暗室操作，获得合格的金相照片。

8）分别测定各个试样的性能指标（主要是硬度）。

9）对实验过程和结果进行综合性分析，并得出相应的结论。

10）了解实验报告及工程分析报告的写作，并写出实验报告。

4. 几点建议

1）综合性实验题目可根据专业特点选择，各校各专业应根据具体情况选择与本专业结合密切、与生产现场有关的力求真实的题目，要使学生有生产技术第一线之感，这样才能学有兴趣，做有实效。

2）综合性实验要特别强调独立完成，即要求学生从工艺设计、工艺实施到撰写工艺报告，一定要通过自己的独立思考与实践完成。也可成立若干个实验小组进行分析讨论。

实验 3. 钢铁材料的质量检验

1. 实验目的

了解一般工厂常用的材料成分、组织与无损探伤检验方法。

2. 实验设备及材料

1）砂轮机。

2）火花鉴别用试样一套。

3）断口低倍观察试样一套。

4）超声波探伤仪。

5）超声探伤用缺陷样板一套。

3. 实验要求

1）绘出观察样品的火花特征示意图，判断其中碳的大致含量和所含合金元素的种类，并大致确定钢号。

2）掌握材料的低倍分析方法，初步了解钢铁材料的脆性断口、韧性断口及疲劳断口特征。

3）了解超声波探伤方法。

4）写出实验报告，并论述材料失效分析的基本过程。

参考文献

[1] 杜丽娟．工程材料成形技术基础［M］．北京：电子工业出版社，2003.
[2] 王爱珍．工程材料及成形技术［M］．北京：机械工业出版社，2003.
[3] 周大恂．机械制造基础实习［M］．北京：高等教育出版社，2003.
[4] 孙康宁．现代工程材料成形与制造工艺基础［M］．北京：机械工业出版社，2001.
[5] 许德珠．机械工程材料［M］．北京：高等教育出版社，2001.
[6] 吕广庶．工程材料及成形技术基础［M］．北京：高等教育出版社，2001.
[7] 齐宝森．机械工程材料［M］．哈尔滨：哈尔滨工业大学出版社，2003.
[8] 刘天模．工程材料［M］．北京：机械工业出版社，2001.
[9] 齐乐华．工程材料与成形工艺基础［M］．西安：西北工业大学出版社，2002.
[10] 刘新佳．工程材料［M］．北京：化学工业出版社，2006.
[11] 崔占全．工程材料［M］．北京：机械工业出版社，2007.
[12] 王纪安．工程材料与成形工艺基础［M］．北京：高等教育出版社，2009.